Angana Saikia
Sudip Paul
Musaraf Hussain

Uma visão geral da doença de Parkinson e da sua importância

Angana Saikia
Sudip Paul
Musaraf Hussain

Uma visão geral da doença de Parkinson e da sua importância

ScienciaScripts

Imprint

Any brand names and product names mentioned in this book are subject to trademark, brand or patent protection and are trademarks or registered trademarks of their respective holders. The use of brand names, product names, common names, trade names, product descriptions etc. even without a particular marking in this work is in no way to be construed to mean that such names may be regarded as unrestricted in respect of trademark and brand protection legislation and could thus be used by anyone.

Cover image: www.ingimage.com

This book is a translation from the original published under ISBN 978-613-3-99599-4.

Publisher:
Sciencia Scripts
is a trademark of
Dodo Books Indian Ocean Ltd. and OmniScriptum S.R.L publishing group

120 High Road, East Finchley, London, N2 9ED, United Kingdom
Str. Armeneasca 28/1, office 1, Chisinau MD-2012, Republic of Moldova, Europe
Printed at: see last page
ISBN: 978-620-8-08241-3

CONTEÚDO

BIOGRAFIA DOS AUTORES:

Angana Saikia: Atualmente, está a fazer o seu doutoramento no Departamento de Engenharia Biomédica, NEHU, Shillong. Anteriormente, trabalhou como bolseira de investigação júnior durante 2 anos e foi promovida a bolseira de investigação sénior (SRF) no Departamento de Engenharia Biomédica, NEHU, Shillong. Concluiu o seu Bacharelato em Eletrónica Aplicada e Instrumentação na Universidade de Guwahati, Assam, em 2011 e o seu Mestrado em Bioelectrónica na Universidade Central de Tezpur, Assam, Índia, em 2014. A sua especialização é em Eletrofisiologia, Neuroreabilitação e Processamento de Sinais Biomédicos.

Dr. Sudip Paul: Trabalha atualmente como Professor Assistente no Departamento de Engenharia Biomédica, NEHU, Shillong. Concluiu o seu B-Tech em Engenharia Biomédica na Universidade de Tecnologia de Bengala Ocidental, Índia, em 2007, e o seu M-Tech em Engenharia Biomédica na Universidade Banaras Hindu, Índia, em 2009. Concluiu o seu doutoramento no IIT (BHU). Tem vários artigos de investigação em revistas de renome na área da Eletrofisiologia, Instrumentação Biomédica, Processamento de Sinais Biomédicos, Órgãos Artificiais e Sistemas de Reabilitação.

Dr. Musaraf Hussain: Trabalha atualmente como professor assistente no Departamento de Neurologia do Instituto Regional de Saúde e Ciências Médicas do Nordeste Indira Gandhi, em Shillong. Concluiu o seu MBBS no NSCB Medical College, Jabalpur, Índia, em 1998, e o MD(Medicine) em 2002 no NSCB Medical College, Jabalpur. Concluiu também o seu DM em Neurologia na Faculdade de Medicina de Guwahati, Assam, Índia, em 2012. Tem vários artigos de investigação em revistas de renome no domínio da Neurologia.

RECONHECIMENTO

Expresso a minha profunda gratidão a todos os membros do corpo docente e funcionários do departamento de Engenharia Biomédica da North-Eastern Hill University, Shillong, pela sua colaboração. Gostaria de agradecer aos meus colegas de doutoramento pela sua ajuda constante no laboratório.

Os meus agradecimentos especiais ao meu supervisor, Dr. Sudip Paul, pelo seu apoio constante e ajuda ativa durante esta investigação.

PREFÁCIO

O objetivo deste livro é proporcionar um conhecimento aprofundado sobre a doença de Parkinson aos doentes e aos prestadores de cuidados. A escolha da doença de Parkinson (DP) para o estudo foi determinada pelos problemas que a DP, e outras doenças neurodegenerativas, colocam à sociedade. A doença de Parkinson afecta aproximadamente 0,3% da população mundial e 1% das pessoas com mais de 60 anos de idade. E a DP tem um preço elevado: nos EUA, por exemplo, custa mais de 20 mil milhões de dólares por ano, e este montante continuará a crescer à medida que a esperança de vida aumenta. Para além das questões financeiras, a DP acarreta um encargo pessoal considerável a longo prazo para os doentes: não havendo curas nem estratégias preventivas, o declínio demora normalmente mais de uma década a chegar ao fim. Existem intervenções para aliviar os principais sintomas da disfunção motora, mas nenhum tratamento pode impedir a sua progressão. Para a ciência médica, os problemas da DP residem na sua complexidade, variabilidade e origem multifatorial. Cada uma destas questões apresenta enormes desafios para as ciências da vida tradicionais; em conjunto, constituem um enorme obstáculo ao progresso e à compreensão. O objetivo deste livro é sensibilizar os doentes, bem como os seus cuidadores e as massas comuns para a doença de Parkinson.

CAPÍTULO 1

INTRODUÇÃO:

A doença de Parkinson é a segunda doença neurodegenerativa mais comum depois da doença de Alzheimer. É uma doença neurológica crónica e progressiva que afecta as funções motoras (movimentos voluntários) de uma pessoa, como andar, abotoar camisas e escrever à mão. Afecta também as funções não motoras (movimentos involuntários), como o humor, o funcionamento dos intestinos e o sono. Em geral, as funções motoras são sintomas visíveis no exterior, enquanto os sintomas não motores são menos visíveis, afectando processos no interior do organismo. É comum que os sintomas não motores, como a dor, as perturbações do sono, a alteração do olfato ou as alterações de humor, precedam o aparecimento dos sintomas motores e o diagnóstico de Parkinson. As pessoas com doença de Parkinson referem frequentemente que os sintomas não motores representam um maior desafio para a sua qualidade de vida e são mais difíceis de gerir do que o impacto dos sintomas motores.

Numa revisão efectuada por de Lau e Breteler em 2006, foi referido que cerca de 10 milhões de pessoas no mundo (ou seja, aproximadamente 0,3% da população mundial) e 1% das pessoas com mais de 60 anos são afectadas pela DP [1]. Existem muito poucos estudos de base populacional que determinem a incidência e a prevalência exactas da DP na Índia. Num inquérito porta-a-porta realizado no distrito de Bangalore, no sul de Karnataka, na Índia, em 2004, a taxa de prevalência do Parkinsonismo foi de 33 por 100 000 (prevalência bruta) e 76 por 100 000 (ajustada à idade) [2]. A população rural apresentava uma prevalência mais elevada do que a população urbana (41 vs 14). No entanto, esta prevalência era inferior à de outras doenças neurológicas altamente prevalecentes, como a cefaleia, a epilepsia, o acidente vascular cerebral e o atraso mental. Num inquérito realizado em Calcutá em 2006, a prevalência do parkinsonismo foi de 45,82 por 100 000 habitantes[3]. No estado de Caxemira [4], a prevalência foi de 14,1 por 100.000, enquanto a prevalência ajustada à idade foi de 134 por 100.000. Um inquérito realizado na comunidade Parsi em Bombaim, uma pequena comunidade estável [5], revelou uma prevalência de 192 por 100 000, que era mais elevada em comparação com o resto da população. Num inquérito realizado em lares de idosos em Bangalore [6], verificou-se uma prevalência muito elevada de 17,6% (109/612 residentes) de Parkinsonismo. Este facto pode dever-se ao desconhecimento desta doença por parte da população em geral, que não recorre aos serviços médicos na altura certa.

A incidência da DP varia em todo o mundo. No entanto, esta distribuição pode não ser tão simples como um fator geográfico ou étnico. Sabe-se que a DP é mais prevalente na América do Norte e na Europa do que na Ásia e na África Ocidental [7]. No entanto, tem sido feita investigação para conhecer as causas da DP [8] e a utilização de plantas medicinais para o seu tratamento, prevenção e cura [6]. Só na China, há mais de 1,7 milhões de pessoas com DP. A prevalência da DP por 100 000 habitantes varia de país para país, sendo a mais elevada na Albânia (800), seguida do Egito (557), EUA (329-107), Israel (256), Japão (193-76), Alemanha (183), Espanha (170-122), Itália (168-104), Finlândia (166120), Bulgária (164-137), Estónia (152), Austrália (146-104), Inglaterra (139-121), Portugal (135), Cuba (135), Canadá (125), China (119-57), Escócia (129), Noruega (102), Tailândia (95), Suécia (76), Nova Zelândia (76), Nigéria (67), Polónia (66), Jordânia (59), etc., No entanto, a sua prevalência varia consoante os países. A prevalência entre os ciganos búlgaros é apenas um décimo da prevalência registada entre os búlgaros. A prevalência nos EUA tende a diferir consoante a raça, sendo os hispânicos, os brancos, os asiáticos e os negros os mais propensos. A taxa de incidência com que as pessoas com DP são diagnosticadas de novo difere muito consoante o país. A incidência por 100 000 habitantes por ano em cada país em que é conhecida foi mais elevada na Suécia (22,57,9), EUA (20,5-13,0), Japão (16,9-10,2), Estónia (16,8), Finlândia (16,6-14,9), Noruega (12,6), Inglaterra (12), Bulgária (11,6), Países Baixos (11,5), Itália (10.A comunidade Parsi em Bombaim tem a maior incidência mundial de DP, afectando cerca de 328 em cada 100 000 pessoas, apesar de viver num país, a Índia, com uma das mais baixas incidências mundiais de DP (70 em cada 100 000)[7]. No passado, foram efectuados apenas alguns estudos quantitativos que analisaram a literatura mundial sobre a DP. Li, et al.[10], utilizando dados sobre a produção bruta de artigos, citações e palavras-chave da base de dados Web of Science de 1991 a 1996, estudaram as tendências globais da investigação sobre DP, incluindo o crescimento da sua produção anual, as tendências das colaborações internacionais e a análise das palavras-chave dos autores. Sorensen e Weedon [11] utilizaram abordagens cienciométricas tradicionais e inovadoras para identificar os 100 principais investigadores em DP desde 1985 e mediram a sua produtividade científica, bem como o impacto das citações das suas contribuições para este domínio. Kostoff [12] examinou outra via para ligar literaturas disjuntas (referências partilhadas) através de um processo denominado acoplamento bibliográfico. Foram selecionadas duas literaturas disjuntas: DP (neurodegeneração) e doença de Crohn (DC) (autoimune). Foram examinados três casos: Frases coincidentes em registos sem referências partilhadas; referências partilhadas em registos sem frases coincidentes; frases coincidentes em registos com referências partilhadas. Além disso, os principais temas no corpo das referências partilhadas foram examinados através de técnicas de agrupamento para identificar as inúmeras ligações entre as duas literaturas. Até à data, não foi efectuado nenhum estudo quantitativo que analisasse a literatura sobre a doença de Parkinson centrado em países/regiões específicos.

Causas da DP:

A doença de Parkinson ocorre basicamente quando as células nervosas do cérebro morrem ou ficam danificadas. Os sintomas mais comuns resultam da perda de neurónios numa área perto da base do cérebro chamada substantia nigra [21]. Normalmente, os neurónios desta área produzem uma importante substância química cerebral conhecida como dopamina. A dopamina é um mensageiro químico responsável pela transmissão de sinais entre a substantia nigra e a próxima "estação de retransmissão" do cérebro, o corpo estriado, para produzir movimentos suaves e intencionais. A perda de dopamina resulta em padrões anormais de disparos nervosos dentro do cérebro que causam uma diminuição dos movimentos. Estudos demonstraram que a maioria das pessoas com Parkinson perdeu 60 a 80 por cento ou mais das células produtoras de dopamina na substância negra na altura em que os sintomas aparecem, e que as pessoas com DP também têm perda das terminações nervosas que produzem o neurotransmissor norepinefrina. A norepinefrina, que está intimamente relacionada com a dopamina, é o principal mensageiro químico do sistema nervoso simpático, a parte do sistema nervoso que controla muitas funções automáticas do corpo, como o pulso e a tensão arterial. A perda de norepinefrina pode explicar várias das caraterísticas não motoras observadas na DP, incluindo a fadiga e as anomalias na regulação da pressão arterial [19, 20]. As células cerebrais afectadas das pessoas com DP contêm corpos de Lewy - depósitos da proteína alfa-sinucleína. Os investigadores ainda não sabem porque é que os corpos de Lewy se formam ou qual o papel que desempenham na doença. Alguns estudos sugerem que o sistema de eliminação de proteínas da célula pode falhar nas pessoas com DP, fazendo com que as proteínas se acumulem a níveis prejudiciais e desencadeiem a morte celular. Outros estudos encontraram provas de que os aglomerados de proteínas que se formam no interior das células cerebrais das pessoas com DP podem contribuir para a morte dos neurónios. Alguns investigadores especulam que a acumulação de proteínas nos corpos de Lewy faz parte de uma tentativa mal sucedida de proteger a célula da toxicidade dos agregados mais pequenos, ou colecções, de sinucleína [19].

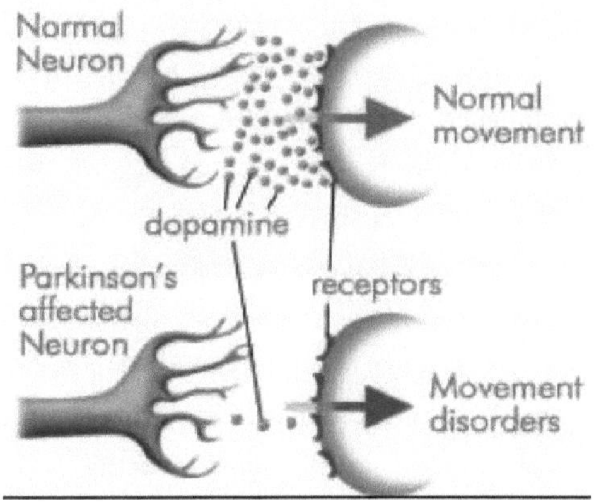

Figura 1: Nível de doamina num neurónio normal e num neurónio afetado pela doença de Parkinson

[85]

Genética: Os cientistas identificaram muitas mutações genéticas associadas à DP, incluindo o gene da alfasinucleína, e alguns outros genes foram associados à doença. O estudo dos genes responsáveis pelos casos hereditários de DP pode ajudar os investigadores a compreender tanto os casos hereditários como os esporádicos [21]. Os mesmos genes e proteínas que são alterados em casos hereditários podem também ser alterados em casos esporádicos por toxinas ambientais ou outros factores. Os investigadores esperam também que a descoberta dos genes ajude a identificar novas formas de tratamento da DP [20].

Ambiente: A exposição a determinadas toxinas (como a exposição ao MPTP, uma droga ilícita, ou em mineiros expostos ao metal manganês) causou sintomas de DP em circunstâncias raras. Outros factores ambientais ainda não identificados podem também causar DP em indivíduos geneticamente susceptíveis.

Mitocôndrias: Vários estudos sugerem que as mitocôndrias podem desempenhar um papel no desenvolvimento da DP [21]. As mitocôndrias são os componentes produtores de energia da célula e as anomalias nas mitocôndrias são as principais fontes de radicais livres - moléculas que danificam as membranas, as proteínas, o ADN e outras partes da célula. Estes danos são conhecidos como stress oxidativo. As alterações relacionadas com o stress oxidativo incluem danos provocados pelos radicais livres no ADN, proteínas e gorduras, que foram detectados no cérebro de indivíduos com DP. Algumas mutações que afectam a função mitocondrial foram identificadas como causas da DP. Embora a disfunção mitocondrial, o stress oxidativo, a inflamação, as toxinas e muitos outros processos celulares possam contribuir para a DP, a causa real da morte por perda de células na DP ainda não está determinada [20].

Sintomas:

a) Complicações motoras e não motoras: As complicações motoras na DP consistem em flutuações motoras e discinesias, como resultado do tratamento farmacológico. Estas podem ser hipocinesia excessiva (por exemplo, congelamento, rigidez, aumento dos tempos de paragem, disfagia, disartria e compromisso respiratório) ou hipercinesia excessiva (por exemplo, discinesia coreiforme e distónica). As complicações motoras diminuem a qualidade de vida do doente, uma vez que afectam a saúde emocional, diminuem a mobilidade, diminuem a independência para as actividades da vida diária e causam estigma social [13]. A manutenção de uma função motora independente é o principal objetivo do tratamento das fases iniciais e posteriores da DP, o que permite ao doente manter uma mobilidade independente durante o máximo de tempo possível e melhora consideravelmente a sua qualidade de vida.

1) **Discinesia:** Entre as principais complicações do tratamento da DP está a presença de discinesia. A discinesia consiste em movimentos anormais (por exemplo, movimentos da cabeça, pescoço e membros) que são debilitantes, fisicamente cansativos e embaraçosos. Vários relatórios mostram que a taxa deste problema varia muito, indo de 19 a 80% em doentes com DP [14]. As discinesias na fase final da DP são mais frequentes e são provavelmente uma consequência da terapêutica prolongada com levodopa. Um estudo recente mostrou que os doentes com DP tratados com levodopa durante 4-6 anos têm uma probabilidade de 40% de sofrer discinesia [14]. As discinesias dolorosas e debilitantes são menos comuns atualmente do que há 10 anos atrás, devido a uma terapêutica anti-DP mais cautelosa, cuidadosa e individualizada.

2) **Distonia**: A distonia é um distúrbio neurológico do movimento. Ocorre em doentes com DP não tratados. O tratamento da distonia varia consoante a apresentação clínica. A distonia matinal é um sintoma do esgotamento noturno e pode responder a agentes dopaminérgicos noturnos de ação prolongada. Em contrapartida, a distonia de pico que ocorre durante o dia pode responder a doses reduzidas de medicamentos dopaminérgicos, administrados mais frequentemente em doses mais pequenas [14].

3) **Congelamento:** Os doentes com DP podem sofrer de congelamento da mobilidade através de qualquer movimento, mas é mais proeminente e difícil quando este congelamento envolve a marcha. O congelamento pode ser o resultado de um efeito dopaminérgico demasiado ou demasiado reduzido. O "congelamento desligado" pode reagir a alterações nos medicamentos acima mencionados, enquanto o "congelamento ligado" está frequentemente associado a uma doença em fase terminal e é tipicamente difícil de tratar [14]. O congelamento é especialmente frequente quando se inicia a marcha (início da hesitação) e quando se passa por espaços apertados, como portas [14].

4) **Hipocinesia/acinesia:** Entre os indivíduos com DP, as perturbações da marcha são um dos factores mais comuns que afectam a independência e a qualidade de vida [13]. A hipocinesia debilitante, como um tipo de flutuação motora, é um dos sinais mais comuns da DP em fase terminal. Nestes indivíduos, os episódios de hipocinesia podem ocorrer muitas vezes por dia e estes eventos estão normalmente associados a uma falha de resposta ou à fase "off" do tratamento dopaminérgico [13].

5) **Tremores de repouso:** O tremor, ou abanão, frequentemente numa mão, braço ou perna, ocorre quando se está acordado e sentado ou parado (tremor de repouso), e melhora quando se mexe essa parte do corpo. O tremor é frequentemente o primeiro sintoma que as pessoas com doença de Parkinson ou os seus familiares notam. No início, o tremor pode aparecer apenas num braço ou numa perna ou apenas num lado do corpo. O tremor também pode afetar o queixo, os lábios e a língua. À medida que a doença progride, o tremor pode espalhar-se para ambos os lados do corpo. Mas, nalguns

casos, o tremor permanece apenas num dos lados. O stress emocional e físico tende a tornar o tremor mais visível. O sono, o relaxamento completo e o movimento ou ação intencional geralmente reduzem ou param o tremor [14].

6) **Rigidez:** A rigidez provoca rigidez e inflexibilidade dos membros, do pescoço e do tronco. Normalmente, os músculos esticam-se quando se movem e relaxam quando estão em repouso. Na rigidez de Parkinson, o tónus muscular de um membro afetado está sempre rígido e não relaxa, contribuindo por vezes para uma diminuição da amplitude de movimentos. As pessoas com DP apresentam mais frequentemente rigidez no pescoço, nos ombros e nas pernas. Uma pessoa com rigidez e bradicinésia tem tendência a não balançar os braços quando anda. A rigidez pode ser desconfortável ou mesmo dolorosa [14].

7) **Instabilidade postural:** Um dos sinais mais importantes da doença de Parkinson é a instabilidade postural, uma tendência para a instabilidade quando se está de pé. Uma pessoa com instabilidade postural perdeu alguns dos reflexos necessários para manter uma postura erecta e pode tombar para trás se for empurrada, mesmo que ligeiramente. Algumas pessoas desenvolvem uma tendência perigosa para se inclinarem para trás quando se levantam de uma cadeira, ficam de pé ou se viram. Este problema é designado por retropulsão e pode resultar numa queda para trás. As pessoas com problemas de equilíbrio podem ter particular dificuldade em girar, fazer curvas ou movimentos rápidos. Os médicos testam a estabilidade postural utilizando o "teste de tração". Durante este teste, o neurologista dá um puxão moderadamente forte para trás no indivíduo que está de pé e observa a forma como a pessoa recupera. A resposta normal é um passo rápido para trás para evitar uma queda; mas muitas pessoas com Parkinson são incapazes de recuperar e cairiam para trás se o neurologista não estivesse ali para o apanhar [13, 14].

8) **Bradicinesia:** Bradicinesia significa "movimento lento". Uma caraterística que define a doença de Parkinson, a bradicinésia também descreve uma redução geral dos movimentos espontâneos, que pode dar a aparência de uma imobilidade anormal e uma diminuição da expressividade facial. A bradicinesia causa dificuldade em movimentos repetitivos, como o bater dos dedos [13]. Devido à bradicinesia, uma pessoa com Parkinson pode ter dificuldade em realizar funções quotidianas, como abotoar uma camisa, cortar alimentos ou lavar os dentes. As pessoas que sofrem de bradicinesia podem andar com passos curtos e arrastados. A redução do movimento e a limitação da amplitude de movimento causadas pela bradicinesia podem afetar o discurso da pessoa, que pode tornar-se mais baixo e menos distinto à medida que a doença de Parkinson progride [14]

b) Complicações psiquiátricas:

1) **Psicose:** Na maioria dos casos, a psicose desenvolve-se tardiamente na DP, muitas vezes devido a demência subjacente e como resultado da utilização de medicação anti-PD. Cerca de 40% dos

doentes com DP desenvolvem demência nas fases tardias da doença e, nestes casos, a psicose é comum. Os doentes que sofrem de demência e psicose na DP têm maior probabilidade de serem colocados num lar de idosos e têm também um risco acrescido de mortalidade. As condições médicas actuais, como a obstipação, a desidratação, as anomalias electrolíticas, a pneumonia ou a infeção do trato urinário, podem ser causas ocultas da psicose e devem ser investigadas e tratadas adequadamente antes de iniciar o tratamento antipsicótico [15].

2) **Depressão:** A depressão e a ansiedade ocorrem em cerca de 40% de todos os doentes com DP, sendo possivelmente mais elevadas nos doentes em fase terminal com complicações motoras crescentes. A ansiedade, tal como a depressão, também tende a ser mais frequente durante os períodos de inatividade e, muitas vezes, melhora quando o tratamento dopaminérgico é optimizado, tendo assim períodos de inatividade menos pronunciados e menos frequentes. Ambas podem estar presentes durante toda a doença. A depressão na população com DP tem o impacto negativo mais grave na qualidade de vida [15]. Na fase tardia da DP, é essencial avaliar cuidadosamente os doentes, com a ajuda da família e de outros prestadores de cuidados, para identificar a depressão.

3) **Complicações cognitivas:** Verifica-se que o défice cognitivo ocorre em até 80% dos doentes após 8 anos de duração da doença [16]. O tratamento da demência passa por várias etapas, sendo a primeira a interrupção de medicamentos psicotrópicos desnecessários, incluindo a amantadina, os anticolinérgicos, os sedativos, a MAO-BI e os antidepressivos tricíclicos [16].

4) **Perturbações do sono:** As perturbações do sono afectam até 60% dos doentes com DP. As perturbações do sono podem resultar de aspectos motores, bem como de aspectos não motores e de medicamentos. A distonia nocturna e as câibras podem causar fragmentação do sono e podem ser tratadas com um agonista da dopamina ao deitar [17].

5) **Apatia:** A apatia ocorre em 16,5 a 42% dos doentes com DP. É comum e uma das principais caraterísticas da DP em fase terminal, causando problemas na gestão clínica e nos cuidados. Aparentemente, a apatia está associada a um défice cognitivo e à depressão, que devem ser tratados de forma adequada [18]. Com base na evidência clínica atual, não é claro se a apatia melhora com o tratamento com levodopa

A Tabela 1 abaixo mostra alguns dos sintomas comuns à doença de Parkinson e à depressão major:

	PARKINSON DOENÇA	**MAIOR DEPRESSÃO**
Motor	Bradicinesia Postura inclinada	Psicomotora 5Postura inclinada Afeto restrito/deprimido

	Rostos mascarados	
Cognitivo	Memória prejudicada Concentração prejudicada Indecisão	Memória prejudicada Concentração prejudicada Indecisão
Vegetativo	Diminuição da energia Fadiga Sono prejudicado Alterações do apetite	Diminuição da energia Fadiga Sono prejudicado Alterações do apetite
Somático	Queixas físicas	Queixas físicas

Tabela 1: Sintomas comuns à doença de Parkinson e à depressão major

Perturbação dos movimentos associada aos sintomas da doença de Parkinson:

Condições que causam excesso ou diminuição de movimento e que estão por vezes associadas a sintomas semelhantes aos da doença de Parkinson. São as seguintes [82]:

- **Paralisia supranuclear progressiva**: Esta perturbação cerebral afecta a marcha e o equilíbrio, resultando frequentemente em quedas. A doença também pode causar problemas de visão e de movimento ocular. Normalmente não responde à medicação.

- **Atrofia de múltiplos sistemas**: Esta doença é rara, mas é uma doença progressiva do sistema nervoso. Esta doença partilha alguns dos mesmos sintomas que a doença de Parkinson. Pode causar falta de coordenação, fala arrastada, problemas respiratórios, dificuldade em engolir e obstipação. Os medicamentos para a doença de Parkinson podem proporcionar algum alívio.

- **Parkinsonismo viral**: Algumas doenças virais, como a encefalite letárgica (doença do sono), a encefalomielite equina ocidental, a encefalomielite equina oriental e a encefalite japonesa B - todas infecções do cérebro - podem causar sintomas semelhantes aos da doença de Parkinson.

- **Tremor essencial**: Um tremor essencial produz tremores, ou abanões descontrolados, nas mãos e por vezes na cabeça, que progridem com o tempo. O tremor não está associado a outros sintomas da doença de Parkinson. Certos medicamentos podem ser úteis no controlo de um tremor essencial, mas a medicação para a doença de Parkinson não é eficaz.

- **Parkinsonismo induzido por medicamentos e toxinas**: A toma de determinados medicamentos, como a Thorazine (clorpromazina), o Haldol (haloperidol), o Reglan (metoclopramida) e a reserpina, pode provocar sintomas da doença de Parkinson. A exposição a toxinas como o pó de manganês, o dissulfureto de carbono e o monóxido de carbono também pode provocar sintomas. Os sintomas normalmente desaparecem quando se pára de tomar a medicação ou se mantém afastado da toxina.

- **Parkinsonismo pós-traumático**: Ferimentos graves ou frequentes na cabeça podem causar Parkinsonismo pós-traumático. Esta doença pode também estar associada a demência. Os pugilistas, outros desportistas e pessoas cujas profissões as colocam em risco acrescido de sofrerem golpes na cabeça podem ser susceptíveis a esta doença.

- **Parkinsonismo arteriosclerótico**: Por vezes, as lesões cerebrais provocadas por pequenos acidentes vasculares cerebrais podem provocar sintomas semelhantes aos da doença de Parkinson. Quando é este o caso, a medicação para a doença de Parkinson não alivia os sintomas.

- **Complexo de Parkinsonismo-Demência de Guam**: Esta doença afecta a população indígena de Guam e das Ilhas Marianas. Ao contrário das pessoas com a doença de Parkinson, que normalmente não morrem da doença, as pessoas com o complexo parkinsonismo-demência de Guam morrem normalmente num prazo de cinco anos.

- **Degenerescência ganglionar basal cortical**: Esta doença ocorre quando as áreas do cérebro conhecidas como córtex cerebral e gânglios basais se desgastam. Tal como na doença de Parkinson, a rigidez e a perturbação do equilíbrio podem começar num lado do corpo e acabar por se espalhar para o outro lado. No entanto, ao contrário da doença de Parkinson, esta doença degenerativa não responde normalmente ao tratamento com medicamentos.

- **Doença dos corpos de Lewy**: Os corpos de Lewy são proteínas anómalas que perturbam o funcionamento neurológico e reduzem os níveis de dopamina no cérebro. Podem provocar sintomas como os das doenças de Parkinson e de Alzheimer, bem como alucinações, delírios e, por vezes, depressão. A medicação para a doença de Parkinson pode aliviar alguns sintomas da doença de corpos de Lewy, mas estes medicamentos tendem a tornar as alucinações e os delírios mais graves.

- **Hidrocefalia de pressão normal (NPH)**: A acumulação de líquido no cérebro pode causar dificuldades na marcha e no equilíbrio, o que pode ser confundido com a doença de Parkinson. Normalmente, esta doença também apresenta sinais de demência e perda de controlo da bexiga. Uma vez diagnosticada, a NPH pode ser curada com a colocação de um shunt para drenar o excesso de líquido.

Factores de risco para a DP na Índia:

As diferenças geográficas na prevalência da DP podem dever-se a factores genéticos ou ambientais, ou a ambos. No único estudo caso-controlo de factores de risco para a DP realizado na Índia, verificou-se que a prevalência da DP era mais elevada no sexo masculino [65]. A história familiar de

DP, a depressão há mais de 10 anos antes da DP e o consumo de água de poço há mais de 10 anos foram os factores de risco significativos entre 377 doentes com DP. O tabagismo teve um efeito protetor cinco vezes maior, enquanto a exposição a animais de estimação durante mais de 10 anos também foi considerada protetora. A dieta vegetariana, a vida rural, a agricultura, a exposição a pesticidas e o consumo de álcool não foram considerados factores de risco significativos [65].

A idade média da população de doentes recrutada no estudo era relativamente mais jovem em comparação com outras séries relatadas, apesar da idade média comparável de início da doença [70, 71]. Este facto pode ser explicado por

(a) Menor esperança de vida no subcontinente indiano.

(b) Os doentes mais velhos com doença avançada podem preferir ficar em casa devido a uma maior incapacidade, a um melhor sistema de apoio à família na Índia, à falta de meios de transporte e à crença num sistema alternativo de medicina em caso de doença avançada, face à fraca resposta aos medicamentos alopáticos.

(c) O consumo de água de poço durante mais de 10 anos foi associado a um aumento de quase duas vezes na ocorrência de DP. Propõe-se que a água de poço possa atuar como portadora de um potencial agente tóxico ou de um agente infecioso. No entanto, estudos anteriores [72,73] não encontraram diferenças na análise química entre a água de poço consumida pelos doentes com DP e os controlos. Isto pode sugerir que a exposição crónica a um agente tóxico exógeno pode ser responsável de alguma forma. O facto de a dieta poder desempenhar algum papel na patogénese da DP foi sugerido pela ocorrência do complexo ALS-DP-demência na ilha de Guam e Rota e a sua associação com a ingestão de feijão cycad, ao passo que foi relatado um aumento do risco de desenvolvimento da DP após a exposição a frutos secos e sementes [74], tendo sido também observado o efeito protetor dos amendoins nas mulheres e das saladas com molho nos homens. As saladas consumidas pela maioria dos indianos são geralmente vegetais crus misturados com sal, pimenta e sumo de lima. Os molhos e óleos para salada são utilizados apenas por um número muito reduzido de pessoas e não podem ter constituído um fator de risco ou de proteção importante no contexto indiano. Do mesmo modo, os amendoins são consumidos universalmente por pessoas de todos os estratos sociais e, mais uma vez, não é provável que constituam um fator de risco ou de proteção importante. No nosso estudo, os hábitos alimentares vegetarianos e não vegetarianos não mostraram qualquer associação significativa com a ocorrência de DP [75].

No presente estudo, foi observada uma associação negativa entre animais de estimação em casa e o desenvolvimento subsequente de DP. Os indivíduos que estiveram expostos a animais de estimação durante mais de 10 anos apresentaram um risco duas vezes menor de desenvolver DP. Tanner et al. [76] também encontraram um efeito protetor semelhante com a exposição a animais de estimação, enquanto Herzman et al. [77] não encontraram qualquer associação. O mecanismo do possível efeito protetor da exposição a animais de estimação na DP é difícil de atribuir a qualquer fator, mas o papel de algum fator não identificado precisa de ser explorado. Em estudos sobre a sobrevivência após enfarte cardíaco, os doentes que tinham cães tiveram uma melhor sobrevivência em comparação com os que não tinham um animal de estimação [78]. Foi levantada a hipótese de que a excitação do sistema nervoso simpático e a diminuição da ansiedade em resposta a factores de stress poderiam desempenhar um papel na sobrevivência após o enfarte cardíaco. Esta hipótese pode provavelmente não ser aplicável à etiologia da DP. O nosso estudo não encontrou correlação com a vida rural, a agricultura, o uso de herbicidas, rodenticidas e exposição a insecticidas. Estes factores parecem estar inter-relacionados. A maioria dos estudos que revelam um risco acrescido de exposição a pesticidas também revelam um risco acrescido de DP com a vida rural. Tanto os casos como os controlos provinham da mesma área de influência do hospital, pelo que a vida rural não pôde surgir como um fator de risco significativo. As profissões que envolvem trabalho físico não apareceram como um fator significativo. Sasco et al. [79] sugeriram um efeito protetor modesto e não significativo do exercício e da atividade física no risco de DP. Os dados sobre o exercício físico, os níveis de dopamina e o desenvolvimento da DP são limitados. Foi demonstrado que os níveis de dopamina circulante aumentam com o aumento do exercício físico, mas reduzem ou estabilizam com o exercício extenuante e com o treino.

PESQUISA BIBLIOGRÁFICA

O quadro 2 mostra os trabalhos realizados até à data no domínio da doença de Parkinson.

ANO	PUBLICAÇÃO	CONTRIBUIÇÃO
2016	[42]	O congelamento da marcha (FOG) é uma perturbação incapacitante da marcha em doentes com doença de Parkinson (DP) que se manifesta como perturbações na marcha de carácter abrupto e transitório. Apesar de ter sido relatada a ocorrência de FOG em doentes com fases iniciais da DP, esta torna-se mais frequente em fases mais avançadas da DP. É muito cansativo e diminui a qualidade de vida dos doentes com DP. Se o FOG puder ser detectado eficazmente antes de ocorrer, podem ser fornecidas pistas externas para ajudar os doentes a evitar o fenómeno de congelamento. Os sensores de acelerómetro são amplamente utilizados para medir os movimentos do doente. Os sensores EMG e EEG também são utilizados para detetar com precisão os episódios de FOG. Neste documento, é apresentada uma comparação destes métodos. A deteção de FOG pode ser utilizada num vasto espetro de aplicações de saúde para a monitorização de doentes, para melhorar a qualidade de vida dos

		doentes com DP e para reduzir os custos dos cuidados de saúde
2016	[43]	O tamanho da correlação, juntamente com os expoentes de Lyapunov estimados a partir de sinais de eletroencefalografia (EEG) e de eletromiografia (EMG), são as variáveis cruciais na classificação de tarefas mentais utilizando um classificador de redes neuronais artificiais (RNA) para pacientes que sofrem de perturbações/doenças neurológicas. Os parâmetros acima referidos variam de acordo com o estado do paciente, por exemplo: dependendo do grau de stress ou de relaxamento do paciente e da tarefa mental que está a ser executada. Os sinais foram adquiridos de doentes com doença de Parkinson, enquanto estes realizavam quatro tarefas mentais diferentes. Os estados mentais executados, detectados com elevada especificidade e precisão, podem ajudar uma pessoa completamente paralisada (locked-in) a comunicar com o ambiente através das ondas cerebrais, levando
		para aumentar a sua qualidade de vida.
2014	[44]	Este estudo aplicou algoritmos de aprendizagem automática para categorizar os estados emocionais do EEG em doentes com DP que classificariam seis emoções básicas (felicidade e tristeza, medo, raiva, surpresa e nojo) em comparação com controlos saudáveis (HC). Foram registados dados de EEG emocionais de 20 doentes com DP e de 20 controlos saudáveis com idade, nível de escolaridade e sexo equiparados, utilizando estímulos multimodais (audiovisuais). A utilização de caraterísticas não lineares motivadas pelos espectros de ordem superior (HOS) tem sido relatada como uma abordagem promissora para classificar os estados emocionais. Neste trabalho, foi feito o estudo comparativo do desempenho dos classificadores k-nearest neighbor (kNN) e support vetor machine (SVM) utilizando as caraterísticas derivadas do HOS e do espetro de potência. A análise de variância (ANOVA) mostrou que as caraterísticas baseadas no espetro de potência e no HOS eram estatisticamente significativas entre os seis estados emocionais (p < 0:0001). Os resultados da classificação mostram que a utilização das caraterísticas baseadas em HOS selecionadas em vez das caraterísticas baseadas no espetro de potência proporcionou uma precisão comparativamente melhor para todas as seis classes, com uma precisão global de 70:10% _ 2:83% e 77:29% -1:73% para os doentes com DP e HC na banda beta (13-30 Hz) utilizando o classificador SVM. Além disso, os doentes com DP obtiveram menos

		precisão no processamento de emoções negativas (tristeza, medo, raiva e nojo) do que no processamento de emoções positivas (felicidade, surpresa) em comparação com os HC. Estes resultados demonstram a eficácia da aplicação de técnicas de aprendizagem automática para a classificação de estados emocionais em doentes com DP, de uma forma independente do utilizador, utilizando sinais EEG.
2013	[45]	Aqui relataram as caraterísticas não lineares do eletromiograma de superfície (sEMG) e da aceleração do tremor como uma possível ferramenta de diagnóstico e, em perspetiva, como um preditor da DP. Seguindo esta abordagem, calculámos parâmetros não lineares do sEMG e do sinal do acelerómetro, tais como a dimensão da correlação, a entropia e a
		determinismo. Verificaram que os parâmetros não lineares permitiam discriminar cerca de 85% dos controlos saudáveis dos doentes com DP. Assim, esta abordagem oferece um potencial considerável para o desenvolvimento de um método baseado na sEMG para o diagnóstico pré-clínico da DP. No entanto, os parâmetros não lineares revelaram-se mais fiáveis para a forma trémula da DP, enquanto o diagnóstico da forma rígida da DP utilizando a EMG permanece uma questão em aberto.
2010	[46]	Registaram os potenciais de campo locais de um grupo de 15 doentes com DP (três do sexo feminino) tratados com estimulação cerebral profunda bilateral do núcleo subtalâmico, utilizando uma taxa de amostragem elevada (2 kHz) e filtros adequados ao estudo da atividade de alta frequência (0,3-1000 Hz). Observaram oscilações de alta frequência (OAF) tanto no estado motor desligado como no estado motor ligado. No estado desligado, a amplitude das OAFs foi acoplada à fase da atividade beta anormal. As OAFs acopladas à atividade beta mostraram poucas ou mesmo negativas alterações de amplitude relacionadas com o movimento. Além disso, o grau de modulação das OAFs relacionadas com o movimento correlacionou-se negativamente com os valores de rigidez e bradicinesia. No estado motor ativo, os OAF foram libertados deste acoplamento beta e apresentaram uma modulação acentuada da amplitude relacionada com o movimento. As interações de frequência cruzada entre a fase de actividades lentas e a amplitude de frequências rápidas têm sido atribuídas a um papel importante no processamento de informação em estruturas corticais. As

		suas descobertas sugerem que o acoplamento não linear entre frequências pode não só ser um mecanismo fisiológico, mas também que pode participar na fisiopatologia do parkinsonismo.
2003	[49]	Utilizando uma abordagem de análise de wavelets, é possível investigar melhor o comportamento transitório e intermitente de múltiplos sinais electromiográficos (EMG) durante movimentos balísticos em doentes com Parkinson. Em particular, uma análise de correlação cruzada de wavelets em sinais de superfície de dois músculos diferentes do ombro permite-nos evidenciar a instabilidade e a sincronização relacionadas
		caraterísticas. Com um parâmetro global adequado extraído dos espectros de potência wavelet locais, é possível classificar com precisão os indivíduos em termos de uma estatística fiável e estudar a evolução temporal do nível da doença de Parkinson. Para além disso, uma medida de intermitência local surge como um novo índice promissor para distinguir o comportamento de baixa frequência de indivíduos normais e doentes com Parkinson.
2001	[50]	Dez doentes com doença de Parkinson foram observados após a implantação bilateral ou unilateral de microelectrodos no núcleo subtalâmico. Os potenciais de campo locais (LPFs) foram registados a partir de contactos de macroeléctrodos adjacentes do núcleo subtalâmico (STNME) simultaneamente com a atividade EEG sobre as áreas motoras suplementares (Cz-FCz) e sensoriomotoras (C3/4-FC3/4) e a atividade EMG dos extensores contra-laterais do pulso durante movimentos isométricos e fásicos do pulso. Foi observada uma coerência significativa entre os LFPs do STNME e Cz-Fz, os LFPs do STNME e C3/4-FC3/4 e os LFPs do STNME e EMG na gama de 7-45Hz. A fase do EEG liderou os LFPs do STNME em 24,4 ms (intervalo de confiança de 95% 19,8 a 29,0 ms). A EMG também liderou os LFPs do STNME, mas as diferenças de tempo tenderam a agrupar-se em torno de um de dois valores: 6,3 ms (-0,7 a 13,3 ms) e 46,5 ms (26,2 a 66,8 ms). O registo do contacto STNME que demonstrou a coerência mais consistente com Cz-FCz na banda de 15-30 Hz coincidiu com o contacto que, quando estimulado eletricamente a altas frequências, produziu a resposta clínica mais eficaz em oito de nove (89%) indivíduos (P<0/01). A atividade oscilatória a 15-30 Hz pode, portanto, ser útil para localizar o alvo do núcleo subtalâmico que proporciona o melhor efeito clínico da estimulação. Estes resultados alargam a hipótese de que a atividade

		coerente pode ser útil para ligar actividades relacionadas em centros motores simultaneamente activos. A presença de coerência entre o EEG e os LFPs do STNME tanto na banda beta como na banda gama (em oposição a apenas na banda beta
		entre o EEG e o tálamo cerebelar) sugere que pode haver alguma seletividade de frequência relativa na comunicação entre diferentes estruturas motoras.
1997	[51]	O objetivo deste estudo foi verificar se o tremor de ação contribui para a fraqueza que pode ser medida em alguns músculos dos doentes com doença de Parkinson, evitando a amplitude do tremor. Em doentes, a medicação reduziu o tremor de ação em contribui para a fraqueza que pode ser medida em alguns binário e EMG em 37% e 57%, respetivamente, de modo que os músculos em doentes com doença de Parkinson, impedindo a amplitude do tremor se aproximaram da normal. A contração de unidades motoras totalmente fundidas é semelhante. As alterações de força e ação foram observadas quando o tremor de ação foi expresso em % de tremor foram registadas durante a extensão máxima do pulso no pico de binário ou % de EMG rectificado médio. Em doentes parkinsonianos, quando tomavam e deixavam de tomar medicamentos antiparkinsónicos, uma influência sincronizadora de 10 Hz foi registada e em indivíduos saudáveis com a mesma idade e sexo. Domina a atividade muscular no pulso. O resultado é um Pico de binário e os níveis médios de EMG rectificado foram reduzidos por contração muscular incompletamente fundida, o que é um fator importante de 25% e 30% (n 5 7), respetivamente, quando os doentes estavam sem medicação (em comparação com quando estavam sob medicação). Estado da medicação. A medicação antiparkinsoniana liberta a motricidade. Nos doentes parkinsonianos sem tratamento, o tremor de ação era unidades da influência sincronizadora de 10 Hz, permitindo maior visível nos registos de binário e EMG, e tinha uma frequência taxas de descarga, contração fundida e força melhorada de ~10 Hz. A amplitude absoluta deste tremor foi geração. A amplitude absoluta deste tremor foi consideravelmente menor nos doentes medicados e no controlo.

Quadro 2 Trabalhos realizados até à data no domínio da doença de Parkinson.

Áreas de investigação sobre a doença de Parkinson:

Algumas das áreas de investigação associadas à doença de Parkinson: [84]

Os Estudos Clínicos sobre a Doença de Parkinson oferecem uma oportunidade para ajudar os investigadores a encontrar melhores formas de detetar, tratar ou prevenir a DP em segurança e, consequentemente, dar esperança às pessoas agora e no futuro. O National Institute of Neurological Disorders and Stroke (NINDS) realiza estudos clínicos sobre a doença de Parkinson no campus de investigação do NIH em Bethesda, Maryland, e apoia estudos sobre a DP em centros de investigação médica em todos os Estados Unidos. Mas os estudos só podem ser concluídos se as pessoas se voluntariarem para participar. Ao participar num estudo clínico, os indivíduos saudáveis e as pessoas que vivem com a doença de Parkinson podem beneficiar grandemente a vida das pessoas afectadas por esta doença. Os estudos actuais incluem genética e DP, procura de biomarcadores da DP, terapias experimentais e outras opções de tratamento, diagnóstico por imagem, controlo cerebral e perturbações do movimento, DBS e exercício e DP.

Modelos animais: Estes são instrumentos valiosos para os cientistas que estudam os mecanismos da doença para desenvolver novos tratamentos para as pessoas com DP. Por exemplo, um estudo sobre o fármaco isradipina - que demonstrou em modelos animais ter um efeito protetor nos neurónios dopaminérgicos - está a ser testado para detetar um efeito neuroprotector semelhante nos seres humanos.

Cognição e demência: O défice cognitivo ligeiro é comum na DP, por vezes nas fases iniciais, e algumas pessoas desenvolvem demência nas fases mais avançadas da doença. O NINDS financiou investigação que utiliza a neuroimagem para prever quais os indivíduos com DP que podem desenvolver défice cognitivo.

Estimulação cerebral profunda (DBS): O NINDS tem sido pioneiro no estudo e desenvolvimento da DBS, que é atualmente considerada uma opção de tratamento padrão para algumas pessoas que vivem com DP cujos sintomas já não respondem aos medicamentos para a DP. Os investigadores continuam a estudar a DBS e a desenvolver formas de a melhorar. Um estudo em duas partes, financiado pelo NINDS e pelo Departamento de Assuntos dos Veteranos, começou por comparar a ECP bilateral com a melhor terapia médica, incluindo o ajuste da medicação e a fisioterapia. A DBS bilateral mostrou superioridade global em relação à melhor terapia médica na melhoria dos sintomas motores e da qualidade de vida. A segunda parte do estudo, que envolveu cerca de 300 pacientes, comparou a DBS do núcleo subtalâmico (STN) com a DBS do globo pálido interno (GPI). Os dois grupos relataram melhorias semelhantes no controlo motor e na qualidade de vida nas pontuações da Escala Unificada de Avaliação da Doença de Parkinson. Numa variedade de testes neuropsicológicos, não houve diferenças significativas entre os dois grupos. No entanto, o grupo STN DBS registou um maior declínio num teste de velocidade de processamento vasomotor, que mede a rapidez com que alguém pensa e age sobre a informação. Além disso, o grupo STN DBS teve um ligeiro agravamento numa avaliação padrão da depressão, enquanto o grupo GPI DBS teve uma ligeira melhoria no mesmo teste.

Outros estudos clínicos pretendem determinar a melhor parte do cérebro para receber a estimulação e determinar os efeitos a longo prazo desta terapia. Além disso, os investigadores estão a desenvolver e a testar geradores de impulsos implantáveis melhorados e a realizar estudos para compreender melhor o efeito terapêutico da neuroestimulação no cérebro.

Estudos ambientais: Os factores de risco, incluindo a exposição profissional repetida a determinados pesticidas e solventes químicos, podem influenciar quem desenvolve a DP. Os investigadores analisaram as histórias profissionais de gémeos em que um dos dois desenvolveu DP. Com base em estimativas de exposição a seis produtos químicos anteriormente associados à DP, os investigadores concluíram que dois dos solventes comuns estavam significativamente associados ao desenvolvimento da DP.

Exercício: As rotinas de exercício são frequentemente recomendadas para ajudar os indivíduos com DP a manter o movimento e o equilíbrio necessários para a vida quotidiana. Um estudo recente avaliou três formas diferentes de exercício - treino de resistência, alongamentos e tai chi - e concluiu que o tai chi conduziu às maiores melhorias globais no equilíbrio e estabilidade em pessoas com DP ligeira a moderada. Um ensaio atual está a estudar os efeitos de dois níveis de exercício em pessoas a quem foi recentemente diagnosticada a DP.

Estudos genéticos: Uma melhor compreensão dos factores de risco genéticos está a desempenhar um papel fundamental na elucidação dos mecanismos da doença da DP. Os estudos clínicos actuais incluem a ligação genética à memória e ao comportamento motor, a procura de genes que possam aumentar o risco de DP e de doenças neurodegenerativas relacionadas, e a identificação de biomarcadores para a DP.

Mitocôndrias: Estas fábricas de energia celular podem desempenhar um papel central na DP. Os cientistas descobriram que centenas de genes envolvidos na função mitocondrial estão menos activos nas pessoas com DP. Os fármacos que têm como alvo os genes envolvidos na função mitocondrial poderiam talvez retardar a progressão da doença.

Complicações motoras: O movimento involuntário, incluindo a discinesia (dificuldade em controlar o movimento muscular pretendido), bem como o tremor, a distonia (contracções musculares involuntárias), o congelamento da marcha (incapacidade de começar a andar) e outras complicações motoras tornam-se evidentes à medida que a DP progride; estes sintomas são frequentemente difíceis de tratar. Os cientistas estudaram a segurança e a eficácia dos medicamentos e das intervenções no alívio dos sintomas motores em pessoas com DP. Por exemplo, a investigação básica com adenosina revelou que esta pode melhorar as complicações motoras associadas à DP. Um estudo clínico atual sobre complicações motoras está a testar um dispositivo caseiro para avaliar os sintomas de movimento da DP durante a realização de diferentes tarefas.

Factores de crescimento dos nervos: Os factores de crescimento são proteínas envolvidas na formação do sistema nervoso e são de interesse para os investigadores que estudam as doenças neurodegenerativas. Um pequeno ensaio clínico irá avaliar a segurança, a tolerabilidade e os potenciais efeitos clínicos da terapia genética com o Fator Neurotrófico Derivado da Glia (GDNF) - uma proteína que pode ajudar a proteger as células nervosas produtoras de dopamina. Este ensaio para indivíduos com DP avançada baseia-se em investigações que demonstram que uma técnica viral avançada para a administração do gene GDNF no cérebro melhora a saúde e a função dos neurónios da dopamina em modelos animais de DP.

Fármacos neuroprotectores: Investigação básica, clínica e translacional destinada a proteger as células nervosas dos danos causados pela DP. A Rede NeuroNext, financiada pelo NINDS, foi concebida para testar novas terapêuticas e validar biomarcadores numa série de doenças neurológicas, incluindo a doença de Parkinson

Células estaminais: Os cientistas estão a explorar vários tipos de células, incluindo as células estaminais pluripotentes induzidas (iPSC), como oportunidades para a descoberta de medicamentos para a DP. A tecnologia das iPSC é utilizada para definir os mecanismos da doença e descobrir os tratamentos mais promissores para a DP esporádica. Para prosseguir esta área de investigação, o NINDS criou, em 2009, um consórcio de investigação de células da DP em colaboração com a Michael J. Fox Foundation e a Parkinson's disease Foundation.

CAPÍTULO 2

MATERIAIS E MÉTODOS:

1) Os dados foram recolhidos utilizando o registador Biophysical Signal (instrumentos AD). Trata-se de um sistema de aquisição de dados de canal duplo. Foi obtido o consentimento escrito de todos os sujeitos antes da recolha dos dados.

Os parâmetros considerados foram:

- EEG
- EMG
- FORÇA DAS GARRAS
- PULSO

2) Foi pedido ao sujeito que se sentasse em posição de repouso durante a recolha de dados. Todos os dados foram recolhidos durante a metade da manhã do dia. A figura nº 1 mostra um sujeito durante a recolha de dados.

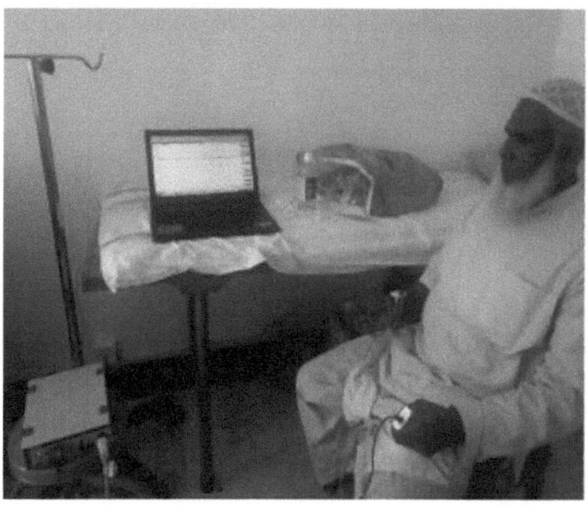

Figura 2 (a): Durante a flexão e extensão do pulso e força de preensão

Figura 2 (b): Durante a aquisição de dados EEG e de impulsos.

3) Os sinais EEG foram recolhidos do lobo frontal e temporal do cérebro. O sinal foi recolhido durante 15 minutos. Simultaneamente, foi recolhida a frequência de pulso dos indivíduos.

4) Foram recolhidos sinais EMG durante a flexão e extensão do pulso durante 2 minutos. Os músculos responsáveis pela flexão e extensão do pulso são o flexor radial do carpo, o flexor ulnar do carpo e o músculo palmar longo.

5) A força de preensão também foi avaliada. Foi-lhe pedido que aplicasse toda a sua força na barra de medição da força de preensão e que a mantivesse durante 4 segundos.

Registo biofísico em correlação com a DP:

Durante qualquer tipo de perturbação neurológica, o fluxo de iões de sódio e potássio degenera no cérebro. Como resultado, ocorre a degeneração dos potenciais de ação. A degeneração do potencial de ação também afecta o movimento muscular da pessoa. A pessoa não tem o movimento desejado porque a coordenação entre o EEG e o EMG é perturbada. O registo simultâneo de EEG e EMG oferece um grande potencial para o estudo da atividade cerebral humana com elevada resolução temporal e espacial. A principal área do cérebro afetada pela DP é a nigra substancial. Esta contém um conjunto especializado de neurónios que enviam sinais sob a forma de um neurotransmissor chamado dopamina. Os sinais viajam para o estriado através de fibras longas chamadas axónios. A atividade desta via controla os movimentos do corpo. Quando os neurónios da substantianigra degeneram, a perda de dopamina resultante faz com que as células nervosas do stratium disparem excessivamente. Isto impossibilita as pessoas de controlar os seus movimentos, levando aos sintomas motores primários da DP.

1) **Eletromiograma (EMG) e DP:**

O potencial elétrico causado pela função dos músculos é designado por eletromiograma (EMG). O sinal EMG pode ser medido a partir dos músculos utilizando eléctrodos de agulha intramusculares ou utilizando eléctrodos de superfície fixados à pele. Este último método é designado por medição EMG de superfície. Os métodos tradicionais de análise dos sinais EMG de superfície baseiam-se na análise da amplitude e do espetro. São utilizados principalmente para medir o nível de ativação muscular e a fadiga. A doença de Parkinson (DP) é uma doença neurodegenerativa que afecta um por cento de todas as pessoas com mais de 60 anos de idade nos países industrializados [21]. É uma doença progressiva que causa disfunções motoras: movimentos involuntários e oscilatórios (tremor), lentidão de movimentos (bradicinésia), aumento do tónus muscular (rigidez) e instabilidade postural [22]. Um tipo comum de tremor parkinsoniano é o tremor de repouso, mas também foram registados tremores posturais, cinéticos e de intenção [23]. De acordo com os critérios de diagnóstico actuais, os doentes podem ser considerados como tendo DP quando apresentam dois dos quatro sintomas de DP (tremor, bradicinesia, rigidez e instabilidade postural). Embora estas disfunções possam ser avaliadas por eletromiografia, esta ainda é raramente utilizada na avaliação clínica da DP. A vantagem da utilização da EMG na avaliação da DP seria a sua objetividade e quantitatividade na avaliação da função motora. De um modo geral, as medições neurofisiológicas podem ajudar no futuro a avançar no diagnóstico e no diagnóstico diferencial da DP.

A ligação entre certas partes do cérebro e os músculos esqueléticos foi previamente estudada através de registos simultâneos de sinais EMG e MEG (magnetoencefalográficos). Foi demonstrado que os gânglios basais têm um efeito específico na organização temporal da atividade cortical motora durante as contracções isométricas [24]. Neste aspeto, a disfunção da substantia nigra e dos gânglios basais conduz diretamente a anomalias dos músculos esqueléticos, tal como se observa em doentes com DP, ou seja, provoca tremor, bradicinésia e rigidez. As alterações básicas no sinal EMG causadas pela DP são o aumento da atividade tónica de fundo e um padrão alternado de explosões EMG. De facto, na análise EMG da DP, tem sido dada especial atenção à análise destas explosões, medindo as suas contagens, magnitudes, durações e frequências [425, 26, 27 e 28]. A análise destes bursts [29] mostra que nos doentes com DP há mais bursts agonistas durante os movimentos de extensão do que durante os movimentos de flexão. Além disso, os movimentos de extensão são mais lentos do que os movimentos de flexão. Para indivíduos neurologicamente saudáveis, não há mudanças significativas na EMG ou na velocidade entre esses movimentos. Muitos outros estudos de EMG em parkinsonianos concentraram-se na análise do tremor. Num desses estudos, foram encontrados quatro subtipos diferentes de tremores parkinsonianos. Além disso, foram detectadas diferenças entre os tremores parkinsonianos e fisiológicos de pessoas saudáveis através da medição combinada de EMG e aceleração [30]. De facto, pode ser difícil distinguir os tremores parkinsonianos de outros tipos de tremores. No entanto, foi demonstrado que o tremor parkinsoniano difere do tremor fisiológico por ser mais regular. Pensa-se que a regularidade do tremor resulta de um aumento da sincronização das unidades motoras (UM) [31]. A EMG pode conter informações importantes sobre as disfunções cerebrais e motoras na DP. No futuro, pode ser útil no diagnóstico da fase inicial da DP. No entanto, a EMG é uma forma de onda espigada do tipo impulso e a informação sobre a perturbação cerebral está na morfologia de uma cadeia de impulsos. Os sinais do tipo impulso são difíceis de analisar com os métodos tradicionais baseados na amplitude e no espetro de Fourier. Por conseguinte, podem ser aplicadas a este problema novas abordagens, como as wavelets [32].

A eletromiografia (EMG) ajuda a investigar o sistema nervoso central (SNC) porque reflecte a atividade dos neurónios motores da coluna vertebral devido às unidades motoras (UMs). Procuramos fornecer um método legível para diagnosticar a DP com base na EMG. Idealmente, este método também seria útil para detetar a DP numa fase inicial ou mesmo pré-clínica. Vários estudos referem que as UM em doentes com DP descarregam com intervalos entre picos alternadamente mais curtos e mais longos (duplos ou triplos). Este padrão de atividade é notoriamente diferente da atividade estacionária das UMs em condições de tónus muscular normal [33] No entanto, o padrão de dupleto não é específico da DP e pode ser observado noutras condições normais e patológicas. Por exemplo, os dupletos são observados em humanos no início de movimentos fortes e balísticos, durante o aquecimento de todo o corpo e após o treinamento dinâmico [34]. Os dupletos são comuns em neuropatias e na esclerose lateral amiotrófica [35]. Além disso, os potenciais de ação da UM são normalmente registados com eléctrodos de agulha, ou seja, por via intramuscular. Este procedimento é desconfortável para o doente e requer medidas anti-sépticas.

2) **Eletroencefalograma (EEG) e DP:**

A eletroencefalografia (EEG) é um dos métodos mais antigos de estudo da função cerebral. Foi proposto como uma ferramenta promissora para a deteção do declínio cognitivo em doenças neurodegenerativas, incluindo a DP [36]. O EEG contínuo reflecte os potenciais pós-sinápticos no cérebro e, devido à excelente resolução temporal (nível de milissegundos), os eventos neurais podem ser estudados quase em "tempo real". O sinal EEG é medido através de eléctrodos no couro cabeludo e o sinal digital pode ser decomposto em componentes de forma de onda (oscilatórios) de uma determinada frequência e amplitude [37]. O EEG pode ser utilizado em situações de repouso como um indicador da atividade neural espontânea de fundo, bem como em relação a tarefas cognitivas específicas como um indicador de relações específicas do comportamento cerebral [38].

Muitos dos primeiros estudos EEG relacionados com a cognição na DP utilizaram o método do potencial relacionado com eventos (ERP). A maioria concentrou-se nas respostas N2 e P3, que geralmente mostram latências prolongadas e amplitudes diminuídas em paradigmas de inibição (Go/NoGo) [38]. Tais resultados têm sido interpretados como sinais electrofisiológicos de abrandamento cognitivo no que diz respeito à classificação do estímulo e ao processamento da atenção. No entanto, no método ERP, as respostas são calculadas através da média das frequências, perdendo-se assim o significado funcional das diferentes bandas de frequência.

Na doença de Parkinson, a hipocinesia é o principal achado, como resultado da redução da entrada de dopamina da substância negra e da pars compacta para o estriado através da via direta, o que resulta na retirada da atividade inibitória do globo pálido e, por sua vez, no aumento do impulso inibitório nos núcleos talâmicos, o que reduz a entrada no sistema motor cortical [39]. A Figura 4 abaixo apresenta uma representação esquemática do estado hipocinético da doença de Parkinson. As alterações no circuito córtico-estriado-palido-talâmico (neste caso, principalmente a via estriato-palidal direta) podem ser interpretadas em termos de alterações neuroquímicas e da consequente conetividade fisiológica nos gânglios basais.

3. Neuroimagem na DP:

Os estudos de neuroimagem incluem modalidades estruturais, funcionais e moleculares. Ao longo das últimas décadas, estas modalidades forneceram informações valiosas sobre os mecanismos subjacentes à doença de Parkinson (DP). As observações de várias técnicas de neuroimagem indicaram alterações na estrutura cerebral e na atividade metabólica, bem como uma série de alterações neuroquímicas que afectam os locais receptores e os sistemas de neurotransmissores. Embora a DP seja atualmente considerada muito complexa, nenhuma modalidade de neuroimagem é especificamente recomendada para utilização de rotina na prática clínica. No entanto, a RM convencional e a imagiologia do transportador de dopamina são habitualmente utilizadas como ferramentas adjuvantes no diagnóstico diferencial entre a DP e as causas não degenerativas do parkinsonismo [86].

A ressonância magnética convencional não consegue detetar sinais precoces da doença de Parkinson, pelo que os investigadores de Oxford utilizaram uma técnica de ressonância magnética, denominada fMRI em estado de repouso, em que as pessoas são simplesmente obrigadas a permanecer imóveis no scanner. Utilizaram os dados da ressonância magnética para analisar a "conetividade", ou a força das redes cerebrais, nos gânglios basais - parte do cérebro que se sabe estar envolvida na doença de Parkinson.

O desenvolvimento da ressonância magnética (RM) de alto campo com aquisições volumétricas tridimensionais (3D), sequências de recuperação de inversão com supressão da substância cinzenta e branca e imagens ponderadas por difusão (DWI) conduziu a um papel mais importante da imagiologia estrutural no diagnóstico das doenças parkinsonianas. A RM de alto campo pode agora detetar patologia da substância negra compacta na maioria dos doentes com doença de Parkinson (DP) idiopática. Nas síndromes parkinsonianas típicas, pode estar presente sinal anormal do putamen e da pontina em T2 ou em imagens ponderadas por difusão, juntamente com atrofia destas estruturas, do córtex e do mesencéfalo. Em alternativa, a imagiologia funcional baseada em radiotraçadores constitui um meio sensível de detetar e caraterizar as alterações regionais do metabolismo cerebral e da ligação aos receptores associadas às doenças parkinsonianas [87]. Pode ter valor diagnóstico e constituir também um meio sensível de deteção de doença subclínica em indivíduos em risco de perturbações degenerativas e de acompanhamento objetivo da progressão da doença.

A tomografia por emissão de positrões (PET) tem a sensibilidade mais elevada, sendo capaz de detetar níveis femtomolares de radioisótopos emissores de positrões com uma resolução espacial de 3-5 mm e de corrigir a dispersão, o que permite um exame quantitativo in vivo das alterações do fluxo sanguíneo cerebral regional, da glicose, do oxigénio, do metabolismo da dopa e da ligação aos receptores cerebrais. A tomografia por emissão de fotão único (SPECT) é menos sensível e não permite corrigir a dispersão, mas está mais amplamente disponível e fornece medidas do rCBF e da ligação aos receptores [87].

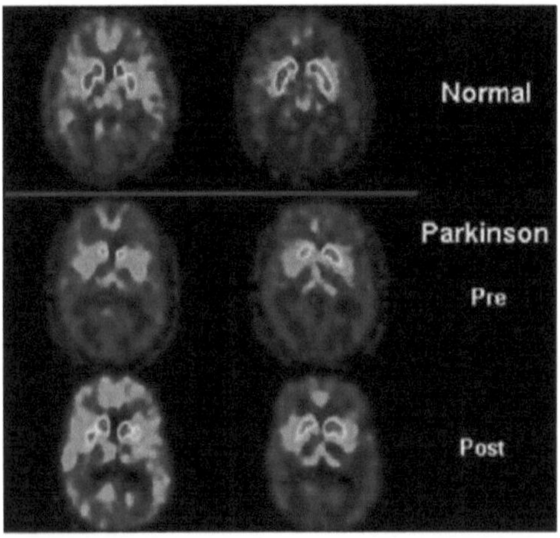

Figura 3: Imagem de PET scans do cérebro normal e de Parkinson [86]

CAPÍTULO 3

AVALIAÇÃO CLÍNICA E TERAPIA:

Fases da DP:

As escalas UPDRS (Unified Parkinson's Disease Rating Score), Hoehn & Yahr e Schwab & England [13] são as escalas mais utilizadas para avaliar a doença de Parkinson. A sua utilidade reside no facto de classificarem objetivamente a incapacidade de um doente num determinado momento. Cada pontuação da escala reflecte o peso da doença no doente e é útil para descrever a progressão da doença e a resposta ao tratamento ao longo do tempo [81].

1) Escala Unificada de Avaliação da Doença de Parkinson (UPDRS):

Esta escala tem várias classificações que medem o funcionamento mental, o comportamento e o humor; as actividades da vida diária e também as funções motoras. As UPDRS são utilizadas para medir a forma como os indivíduos estão a reagir e em que medida os tratamentos os estão a ajudar. A UPDRS é pontuada num total de 195 pontos; pontuações mais elevadas reflectem um agravamento da incapacidade [80, 81].

2) Estadiamento de Hoehn e Yahr modificado [80,81]:

ETAPAS	SINTOMAS
0	Sem sinais de doença
1	Doença unilateral
1.5	Envolvimento unilateral e axial
2	Doença bilateral, sem perturbação do equilíbrio
2.5	Doença bilateral ligeira, com recuperação no teste de tração
3	Doença bilateral ligeira a moderada; alguma instabilidade postural; independência física
4	Incapacidade grave; ainda não consegue andar ou levantar-se sem ajuda
5	Em cadeira de rodas ou acamado, exceto com ajuda

Tabela 3: Estadiamento de Hoehn e Yahr modificado

3) Escala de Actividades da Vida Diária de Schwab e England [13, 14]:

ETAPAS	SINTOMAS

100%	Completamente independente. Capaz de efetuar todas as tarefas sem lentidão, dificuldade ou deficiência. Essencialmente normal. Não tem consciência de qualquer dificuldade
90%	Completamente independente. Capaz de efetuar todas as tarefas com algum grau de lentidão, dificuldade e incapacidade. Pode demorar o dobro do tempo, começando a aperceber-se das dificuldades
80%	Completamente independente na maioria das tarefas. Demora o dobro do tempo. Consciente da dificuldade e da lentidão
70%	Não é completamente independente. Maior dificuldade nalgumas tarefas. Três a quatro vezes mais tempo em algumas. Tem de dedicar uma grande parte do dia às tarefas domésticas
60%	Alguma dependência. É capaz de efetuar a maior parte das tarefas, mas muito lentamente e com muito esforço. Erros; alguns impossíveis
50%	Mais dependente. Ajuda com a metade, mais lento, etc. difícil com tudo
40%	Muito dependente. Pode dar uma pequena ajuda em algumas tarefas. Inválido grave.
30%	Com esforço, de vez em quando faz algumas tarefas sozinho ou começa sozinho. É necessária muita ajuda
20%	Nada sozinho. Pode ser uma pequena ajuda em algumas tarefas. Inválido grave
10%	Totalmente dependente, desamparado. Completamente inválido
0%	As funções vegetativas, como a deglutição, a bexiga e os intestinos, não estão a funcionar. Acamado.

Quadro 4: Escala de Actividades da Vida Diária de Schwab e England

Escalas em DP:

São geralmente utilizados três tipos de escalas para avaliar clinicamente os doentes com DP. São elas:

a. **A Escala de Depressão Geriátrica (GDS)**

Trata-se de uma avaliação de auto-relato utilizada para identificar a depressão nos idosos. O formulário curto é composto por 15 itens [97]. O formulário encontra-se no Anexo 1.

Embora existam muitos instrumentos disponíveis para medir a depressão, a Escala de Depressão Geriátrica (GDS), criada por Yesavage, et al., foi testada e utilizada extensivamente com a população idosa. A GDS Long Form é um questionário breve, com 30 itens, em que se pede aos participantes que respondam sim ou não em relação à forma como se sentiram na última semana. Em 1986, foi desenvolvido um formulário curto do GDS, composto por 15 perguntas. Foram selecionadas para a versão curta as perguntas do formulário longo do GDS que apresentavam a correlação mais elevada com os sintomas depressivos em estudos de validação. Dos 15 itens, 10 indicavam a presença de depressão quando respondidos positivamente, enquanto os restantes (perguntas número 1, 5, 7, 11, 13) indicavam depressão quando respondidos negativamente. As pontuações de 0-4 são consideradas normais, dependendo da idade, educação e queixas; 5-8 indicam depressão ligeira; 9-11 indicam depressão moderada; e 12-15 indicam depressão grave. O Formulário Curto é mais facilmente utilizado por doentes fisicamente doentes e por doentes com demência ligeira a moderada, que têm uma capacidade de atenção reduzida e/ou se sentem facilmente fatigados. Demora cerca de 5 a 7 minutos a ser preenchido [97].

b. **Escala de classificação de Webster**

Webster desenvolveu uma escala de classificação para os doentes com doença de Parkinson com base em 10 achados clínicos. A escala indica a gravidade da doença e o comprometimento clínico. As alterações na escala ao longo do tempo podem refletir alterações devidas à progressão da doença ou a intervenções terapêuticas. O autor é da Universidade de Minnesota [98]. O formulário encontra-se no Anexo 2.

c. **Mini Exame do Estado Mental (MEEM) ou teste de Folstein**

Trata-se de um questionário de 30 pontos, amplamente utilizado em contextos clínicos e de investigação para medir o défice cognitivo. É habitualmente utilizado em medicina e na área da saúde para despistar a demência.

É também utilizado para estimar a gravidade e a progressão do défice cognitivo e para acompanhar o curso das alterações cognitivas de um indivíduo ao longo do tempo. O formulário consta do Anexo 3 [99].

Representação esquemática da progressão clínica da DP:

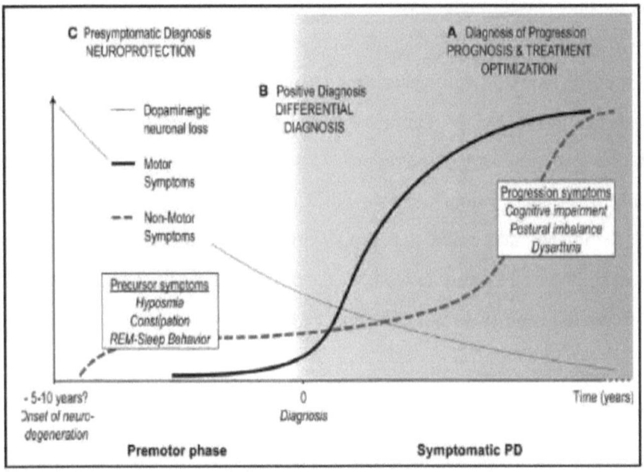

Figura 4: Progressão clínica da doença de Parkinson (DP) [83]

A figura acima mostra a progressão clínica da doença de Parkinson. A linha fina representa a degeneração contínua dos neurónios dopaminérgicos da substância negra. Quando a perda neuronal dopaminérgica atinge >50%, surgem os sintomas motores cardinais (linha grossa) e a DP torna-se totalmente sintomática (fundo cinzento). Os sintomas motores pioram com o tempo, mas respondem à terapia de reposição de dopamina.

Durante a fase pré-motora (fundo branco), os sintomas não-motores (linha ponteada) podem já estar presentes. O peso dos sintomas não motores também aumenta com o tempo mas, ao contrário dos sintomas motores, não respondem ao tratamento e constituem a maior parte da incapacidade na DP avançada.

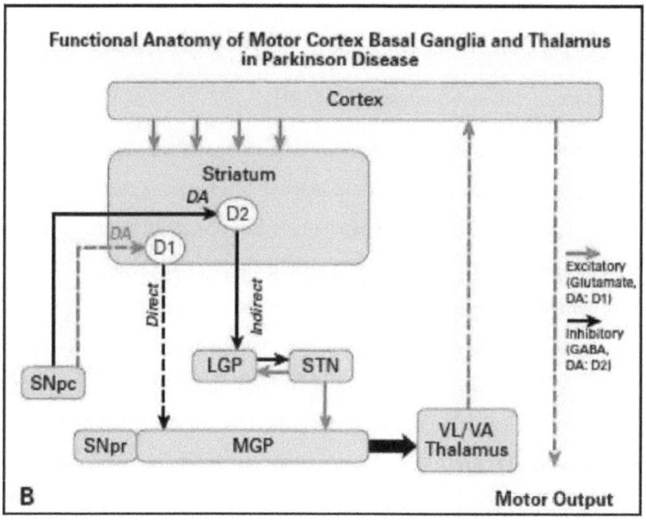

Figura 5: Representação esquemática do estado hipocinético da doença de Parkinson [41]

Na figura acima (Fig. 4), as linhas azuis indicam os neurónios com efeitos excitatórios, enquanto as linhas pretas indicam as influências inibitórias. Pensa-se que o segmento interno (medial) do globo pálido (MGP) e a zona reticulada da substância negra (SNpr) actuam como uma entidade que se projecta, através de neurónios contendo GABA, para o tálamo (núcleos ventrolateral e ventroanterior) e para os núcleos pedunculopontinos. Os neurónios dopaminérgicos (DA) que surgem na pars compacta da substância negra (SNpc) têm uma influência excitatória sobre as fibras estriatopalidais diretas (através de receptores D1) e um efeito inibitório sobre as fibras estriatopalidais indirectas (através de receptores D2) que se projectam para o pálido externo (lateral) (LGP) e para o núcleo subtalâmico (STN). As linhas pontilhadas indicam uma redução da atividade da via [41].

Prognóstico da DP:

Os efeitos da doença de Parkinson progridem com o tempo. Os sintomas motores, se não forem tratados, avançam de forma agressiva nas fases iniciais da doença e mais lentamente mais tarde. Se não forem tratados, espera-se que os indivíduos percam a autonomia deambulatória após uma média de oito anos e fiquem acamados após dez anos. No entanto, hoje em dia é raro encontrar pessoas sem tratamento. A medicação melhorou o prognóstico dos sintomas motores, mas, ao mesmo tempo, constitui uma nova fonte de incapacidade, devido aos efeitos indesejáveis da levodopa após anos de utilização. Nas pessoas que tomam levodopa, o tempo de progressão dos sintomas para uma fase de elevada dependência dos prestadores de cuidados pode ser superior a 15 anos. No entanto, é difícil prever o curso que a doença irá tomar num determinado indivíduo. A idade é o melhor fator de previsão da progressão da doença. A taxa de declínio motor é maior nas pessoas com menos incapacidade na altura do diagnóstico, enquanto a incapacidade cognitiva é mais frequente nas pessoas com mais de 70 anos de idade no início dos sintomas [90, 91].

Uma vez que as terapêuticas actuais melhoram os sintomas motores, a incapacidade está atualmente relacionada sobretudo com as caraterísticas não motoras da doença. No entanto, a relação entre a progressão da doença e a incapacidade não é linear. A incapacidade está inicialmente relacionada com os sintomas motores. À medida que a doença progride, a incapacidade está mais relacionada com sintomas motores que não respondem adequadamente à medicação, como dificuldades de deglutição/fala e problemas de marcha/equilíbrio; e também com complicações induzidas pela levodopa, que aparecem em até 50% dos indivíduos após 5 anos de uso de levodopa. Finalmente, após dez anos, a maioria das pessoas com a doença apresenta perturbações autonómicas, problemas de sono, alterações de humor e declínio cognitivo. Todos estes sintomas, especialmente o declínio cognitivo, aumentam consideravelmente a incapacidade [90].

A esperança de vida das pessoas com DP é reduzida. Os rácios de mortalidade são cerca de duas vezes superiores aos das pessoas não afectadas. O declínio cognitivo e a demência, a idade avançada de início, um estado mais avançado da doença e a presença de problemas de deglutição são factores de risco de mortalidade. Por outro lado, um padrão de doença caracterizado principalmente por tremor, em oposição à rigidez, prevê uma maior sobrevivência. A morte por pneumonia por aspiração é duas vezes mais comum em indivíduos com DP do que na população saudável[91].

Em 2013, a DP causou cerca de 103 000 mortes a nível mundial, um aumento em relação às 44 000 mortes registadas em 1990. A taxa de mortalidade aumentou de uma média de 1,5 para 1,8 por 100 000 durante esse período [90, 91].

Tratamento multidisciplinar da DP:

O tratamento multidisciplinar da doença de Parkinson tem sido utilizado no contexto clínico para tratar os sintomas relacionados com a doença de Parkinson que normalmente não respondem aos tratamentos farmacológicos estabelecidos. É também utilizado para atenuar a incapacidade, diminuir a deficiência e melhorar a qualidade de vida. Existem muito poucos estudos sobre a eficácia deste tratamento. As considerações a ter em conta na conceção de um programa clínico devem incluir as seguintes áreas [52]:

- uma necessidade-alvo
- seleção dos instrumentos de avaliação e das medidas de resultados adequados
- seleção de intervenções adequadas

- implementação interdisciplinar
- internamento versus ambulatório; e planeamento do seguimento[52]

O tratamento multidisciplinar é uma abordagem terapêutica promissora, mas pouco estudada, na doença de Parkinson. A implementação desta abordagem na prática clínica e na investigação futura deve ter em conta as seguintes considerações:

- necessidade-alvo
- instrumentos de avaliação
- medidas de resultado
- intervenções terapêuticas
- aplicação interdisciplinar
- contexto (hospitalar vs. ambulatório) e seguimento[52].

Existem boas provas na literatura que apoiam a utilização de terapia física, ocupacional e da fala e de serviços de enfermagem na doença de Parkinson.

- **Necessidade-alvo:** De acordo com o modelo da Classificação Internacional de Funcionalidade, Incapacidade e Saúde (CIF) da OMS, uma necessidade-alvo pode ser uma deficiência, uma limitação da atividade ou uma perda do nível de participação [53]. Alguns exemplos são:

- défice cognitivo
- perturbações do equilíbrio e prevenção de quedas
- capacidade de condução, actividades da vida diária
- questões de nutrição e perda de peso.

A identificação de uma necessidade específica não só ajuda a selecionar os instrumentos de avaliação e as medidas de resultados adequados, como também permite um melhor planeamento das intervenções apropriadas. Ao analisar os estudos existentes sobre intervenções multidisciplinares na DP [54], torna-se claro que a seleção dos doentes não incluiu um requisito para a perceção de uma necessidade e não foi definido um objetivo da intervenção multidisciplinar, a não ser sob a forma de uma medida de resultados, normalmente uma medida de qualidade de vida relacionada com a saúde. A falta de um tal objetivo declarado em qualquer dos estudos publicados torna difícil a interpretação dos seus resultados e pode estar na base de algumas das aparentes contradições e inconsistências [55].

> **Instrumentos de avaliação e medidas de resultados:** São necessários dois tipos de instrumentos de avaliação. São os seguintes:

a) Terão de ser selecionados instrumentos adequados para o alvo específico, destinados a avaliar o doente na fase inicial. O grau da necessidade específica (quer se trate do grau de deficiência ou incapacidade específica que tem de ser tratada ou da avaliação de circunstâncias como o sistema de apoio social) terá de ser quantificado para ajudar a conceber a intervenção e monitorizar o seu progresso.

b) O instrumento necessário incluiria ferramentas para avaliar o êxito do programa. Embora, teoricamente, o mesmo instrumento possa ser utilizado para ambos os objectivos, na prática, os dois tipos de instrumentos terão finalidades um pouco diferentes e, por conseguinte, deverão ter caraterísticas um pouco diferentes [52].

Tratamento da doença:

Atualmente, não existe cura para a DP, mas os medicamentos ou a cirurgia podem muitas vezes melhorar os sintomas motores. Alguns dos tratamentos são os seguintes:

> **Terapia medicamentosa:** Os medicamentos para a DP dividem-se em três categorias. Incluem:

a) Medicamentos que aumentam o nível de dopamina no cérebro. Os medicamentos mais comuns para a DP são os precursores da dopamina - substâncias como a levodopa que atravessam a barreira hemato-encefálica e são transformadas em dopamina. Outros medicamentos imitam a dopamina ou impedem ou retardam a sua degradação.

b) Medicamentos que afectam outros neurotransmissores do organismo para aliviar alguns dos sintomas da doença. Por exemplo, os medicamentos anticolinérgicos interferem com a produção ou a absorção do neurotransmissor acetilcolina [60]. Estes podem ser eficazes na redução dos tremores.

c) A terceira categoria de medicamentos prescritos para a DP inclui medicamentos que ajudam a controlar os sintomas não motores da doença, ou seja, os sintomas que não afectam o movimento. Por exemplo, podem ser prescritos antidepressivos a pessoas com depressão relacionada com a DP [57].

Alguns dos medicamentos utilizados no tratamento da DP são:

- **Levodopa/Carbidopa:** O tratamento mais comummente utilizado para a DP é o medicamento levodopa (também designado por Ldopa). As células nervosas podem usar a levodopa para produzir dopamina e repor o fornecimento reduzido do cérebro. As pessoas não podem simplesmente tomar comprimidos de dopamina porque a dopamina não atravessa facilmente a barreira hemato-encefálica. (A barreira hemato-encefálica é um revestimento protetor de células dentro dos vasos sanguíneos que regula o transporte de oxigénio, glicose e outras substâncias no cérebro). Normalmente, as pessoas recebem levodopa combinada com outra substância chamada carbidopa. Quando adicionada à levodopa, a carbidopa impede a conversão da levodopa em dopamina, exceto no cérebro, o que impede ou diminui os efeitos secundários devidos à dopamina na corrente sanguínea [58]. A levodopa/carbidopa é frequentemente muito bem sucedida na redução ou eliminação dos tremores e de outros sintomas motores da DP durante as fases iniciais da doença. Permite à maioria das pessoas com DP prolongar o período de tempo em que podem ter uma vida ativa e produtiva. Embora a levodopa/carbidopa ajude a maioria das pessoas com DP, nem todos os sintomas respondem da mesma forma ao medicamento. A levodopa geralmente ajuda mais com a bradicinesia e a rigidez. Os problemas de equilíbrio podem não responder. É frequentemente tão eficaz que algumas pessoas podem não apresentar sintomas durante as fases iniciais da doença, desde que tomem o medicamento. Mas a levodopa não é uma cura. Embora possa reduzir os sintomas da DP, não substitui as células nervosas perdidas e não pára a progressão da doença. A levodopa/carbidopa pode ter uma variedade de efeitos secundários. Os efeitos secundários iniciais mais comuns incluem náuseas, tensão arterial baixa e agitação. As náuseas e os vómitos provocados pela levodopa são consideravelmente reduzidos pela combinação correta de levodopa e carbidopa [60]. O medicamento também pode causar sonolência ou início súbito de sono, o que pode tornar perigosa a condução e outras actividades. A utilização prolongada de levodopa provoca por vezes alucinações e psicose. Para além da levodopa/carbidopa, existem outros tratamentos disponíveis:

- **Agonistas da dopamina:** Estes fármacos incluem a apomorfina, o pramipexol, o ropinirol e a rotigotina. Estes fármacos imitam o papel da dopamina no cérebro. Podem ser administrados isoladamente ou com levodopa e são um pouco menos eficazes do que a levodopa no tratamento dos sintomas da DP, mas funcionam durante períodos de tempo mais longos. Muitos dos potenciais efeitos secundários são semelhantes aos associados à utilização de levodopa, incluindo sonolência, início súbito do sono, alucinações, confusão, discinesias, edema (inchaço devido ao excesso de líquido nos tecidos do corpo), pesadelos e vómitos. Em casos raros, podem causar um desejo incontrolável de jogar, hipersexualidade ou compras compulsivas [61].

- **Inibidores da MAOB:** Estes medicamentos inibem a enzima monoamina oxidase B, ou MAOB, que decompõe a dopamina no cérebro. Os inibidores da MAOB fazem com que a dopamina se acumule nas células nervosas sobreviventes e reduzem os sintomas da DP. Estudos demonstraram que a selegilina (também chamada deprenyl) pode atrasar a necessidade de terapia com levodopa em até um ano ou mais. Quando a selegilina é administrada com levodopa, parece melhorar e prolongar a resposta à levodopa e, por conseguinte, pode reduzir o seu efeito. A selegilina é geralmente bem tolerada, embora os efeitos secundários possam incluir náuseas, hipotensão ortostática ou insónia. A rasagilina é utilizada no tratamento dos sintomas motores da DP com ou sem levodopa. [62].

- **Inibidores da COMT:** COMT significa catecol Ometil transferase, outra enzima que decompõe a dopamina. Os medicamentos entacapone e tolcapone prolongam os efeitos da levodopa, impedindo a degradação da dopamina. Os inibidores da COMT podem diminuir a duração dos "períodos de paragem" da dose de levodopa. Estes medicamentos provocam náuseas, diarreia, perturbações do sono, tonturas, descoloração da urina, dores abdominais, tensão arterial baixa ou alucinações [63].

- **Amantadina:** É um medicamento antiviral que ajuda a reduzir os sintomas da DP e da discinesia induzida pela levodopa. É frequentemente utilizado sozinho nas fases iniciais da doença. Também pode ser utilizada com um medicamento anticolinérgico ou com levodopa. Após vários meses, a eficácia desaparece em cerca de metade das pessoas que a tomam. Os efeitos secundários da amantadina podem incluir insónia, pele manchada, edema, agitação ou alucinações [56].

- **Anticolinérgicos:** Estes medicamentos diminuem a atividade do neurotransmissor acetilcolina e podem ser particularmente eficazes no tratamento do tremor. Os efeitos secundários podem incluir boca seca, obstipação, retenção urinária, alucinações, perda de memória, visão turva e confusão. Ao recomendar um curso de tratamento, o médico avaliará o quanto os sintomas perturbam a vida da pessoa e, em seguida, adaptará a terapia à condição específica da pessoa [64]

REFERÊNCIAS:

[1] De Lau LM, Breteler MM. Epidemiologia da doença de Parkinson. The Lancet Neurology. 2006 Jun 30; 5(6):525-35.

[2] Gourie-Devi M, Gururaj G, Satishchandra P, Subbakrishna DK. Prevalence of neurological disorders in Bangalore, India: a community-based study with a comparison between urban and rural areas. Neuroepidemiology. 2004; 23(6):261-8.

[3] Das SK, Biswas A, Roy T, Banerjee TK. A random sample survey for prevalence of major neurological disorders in Kolkata. Indian Journal of Medical Research. 2006 Aug 1;124(2):163.

[4] Razdan S, Kaul RL, Motta A, Kaul S, Bhatt RK. Prevalence and pattern of major neurological disorders in rural Kashmir (India) in 1986. Neuroepidemiology. 1994;13(3):113-9.

[5] Bharucha NE, Bharucha EP, Bharucha AE, Bhise AV, Schoenberg BS. Prevalence of Parkinson's disease in the Parsi community of Bombay, India (Prevalência da doença de Parkinson na comunidade Parsi de Bombaim, Índia). Archives of neurology. 1988 Dec 1;45(12):1321-3.

[6] Ragothaman M, Murgod UA, Gururaj G, Louis ED, Subbakrishna DK, Muthane UB. Elevada ocorrência e baixo reconhecimento de Parkinsonismo (e possível DP) em lares de idosos em Bangalore, no Sul da Índia. The Journal of the Association of Physicians of India. 2008 Apr;56:233-6.

[7] Etiquetas, Chris. Quem apanha a doença de Parkinson?, 2012.

Disponível em: http:// www.pdring.com/who-gets-parkinsons-disease.htm.

[8] Kumar M, Jangra M. O consumo de cigarros provoca a doença de Parkinson? Jornal Internacional de Nutrição, Farmacologia, Doenças Neurológicas 2012 Jan 1;2(1):16.

[9] Gupta BM, Bala A. Parkinson's disease in India: an analysis of publications output during 2002-2011. Jornal Internacional de Nutrição, Farmacologia, Doenças Neurológicas. 2013 Jul 1;3(3):254.

[10] Li T, Ho YS, Li CY. Bibliometric analysis on global Parkinson's disease research trends during 1991-2006. Neuroscience letters. 2008 Aug 29;441(3):248-52.

[11] Sorensen AA, Weedon D. Productivity and Impact of the Top 100 Cited Parkinson's Disease Investigators since 1985 (Produtividade e impacto dos 100 investigadores mais citados na doença de Parkinson desde 1985). Journal of Parkinson's disease. 2011 Jan 1;1(1):3-13.

[12] Kostoff RN. Descoberta relacionada com a literatura: Factores comuns à doença de Parkinson e à doença de Crohn. MITRE CORP MCLEAN VA; 2010.

[13] Chapuis S, Ouchchane L, Metz O, Gerbaud L, Durif F. Impacto das complicações motoras da doença de Parkinson na qualidade de vida. Movement disorders. 2005 Feb 1;20(2):224-30.

[14] Valls-Solé J, Valldeoriola F. Correlato neurofisiológico dos sinais clínicos na doença de Parkinson. Clinical neurophysiology. 2002 Jun 30;113(6):792-805.

[15] Fator SA, Feustel PJ, Friedman JH, Comella CL, Goetz CG, Kurlan R, Parsa M, Pfeiffer R, Grupo de Estudo de Parkinson. Longitudinal outcome of Parkinson's disease patients with psychosis. Neurology. 2003 Jun 10;60(11):1756-61.

[16] Aarsland D, Zaccai J, Brayne C: Uma revisão sistemática dos estudos de prevalência da demência na doença de Parkinson. MovDisord 2005, 20(10):1255-1263.

[17] Lees AJ, Blackburn NA, Campbell VL. Os problemas noturnos da doença de Parkinson. Clinical neuropharmacology. 1988 Dec 1;11(6):512-9.

[18] Starkstein S, Mayberg H, Preziosi T, Andrezejewski P, Leiguarda R, Robinson R: Fiabilidade, validade e correlações clínicas da apatia na doença de Parkinson. J Neuropsychiatry ClinNeurosci 1992, 4(2):134-139.

[19]Moreira T, Palladino P. Entre a verdade e a esperança: sobre a doença de Parkinson, o neurotransplante e a produção do "eu". História das Ciências Humanas. 2005 Aug;18(3):55-82.

[20] Checkoway H, Nelson LM. Epidemiologic approaches to the study of Parkinson's disease etiology (Abordagens epidemiológicas para o estudo da etiologia da doença de Parkinson). Epidemiology. 1999 May 1;10(3):327-36.

[21] Surathi P, Jhunjhunwala K, Yadav R, Pal PK. Investigação sobre a doença de Parkinson na Índia: A review. Anais da Academia Indiana de Neurologia. 2016 Jan;19(1):9.

[22] Vinish.M, Milstein.J. Non-motor aspects of Parkinson's disease (Aspectos não motores da doença de Parkinson). Anais de Neurociências. 2009: 16(4).

[23] Tom Isaacs. A necessidade de inovação na doença de Parkinson. Annals of Neurosciences.2009: 16(4).

[24] De Lau LM, Breteler MM. Epidemiologia da doença de Parkinson. The Lancet Neurology. 2006 Jun 30;5(6):525-35.

[25] Valls-Solé J, Valldeoriola F. Correlato neurofisiológico dos sinais clínicos na doença de Parkinson. Clinical neurophysiology. 2002 Jun 30;113(6):792-805.

[26] Milanov I. Exames clínicos e electromiográficos do tremor parkinsoniano. Parkinsonism & related disorders. 2000 Oct 31;6(4):229-35.

[27] Salenius S, Avikainen S, Kaakkola S, Hari R, Brown P. Defective cortical drive to muscle in Parkinson's disease and its improvement with levodopa. Brain. 2002 Mar 1;125(3):491-500.

[28] Flament D, Vaillancourt DE, Kemp T, Shannon K, Corcos DM. A EMG permanece fraccionada na doença de Parkinson, apesar das melhorias de desempenho relacionadas com a prática. Clinical neurophysiology. 2003 Dec 31;114(12):2385-96.

[29] Pfann KD, Buchman AS, Comella CL, Corcos DM. Controlo da distância do movimento na doença de Parkinson. Movement Disorders. 2001 Nov 1;16(6):1048-65.

[30] Robichaud JA, Pfann KD, Comella CL, Corcos DM. Effect of medication on EMG patterns in individuals with Parkinson's disease (Efeito da medicação nos padrões EMG em indivíduos com doença de Parkinson). Movement disorders. 2002 Sep 1;17(5):950-60.

[31] Robichaud JA, Pfann KD, Comella CL, Brandabur M, Corcos DM. Maior comprometimento dos movimentos de extensão em comparação com os movimentos de flexão na doença de Parkinson. Experimental Brain Research. 2004 May 1;156(2):240-54.

[32] Vaillancourt DE, Newell KM. A dinâmica do tremor de repouso e postural na doença de Parkinson. Clinical Neurophysiology. 2000 Nov 30;111(11):2046-56.

[33] Vaillancourt DE, Newell KM. A dinâmica do tremor de repouso e postural na doença de Parkinson. Clinical Neurophysiology. 2000 Nov 30;111(11):2046-56.

[34] De Michele G, Sello S, Carboncini MC, Rossi B, Strambi SK. Análise de correlação cruzada tempo-frequência para múltiplos sinais EMG na doença de Parkinson: uma abordagem wavelet. Medical engineering & physics. 2003 Jun 30;25(5):361-9.

[35] Glendinning DS, Enoka RM. Comportamento da unidade motora na doença de Parkinson. Physical Therapy. 1994 Jan 1;74(1):61-70.

[36] Meigal A, Gerasimova LI, Lupandin I. Recrutamento voluntário das unidades motoras durante o sobreaquecimento do corpo. Fiziologiia cheloveka,1999;25(3):111.

[37] Weber M, Ferreira V, Eisen A. Determinantes das descargas duplas na esclerose lateral amiotrófica e na doença de Kennedy. Clinical Neurophysiology. 2009 Nov 30;120(11):1971-7.

[38] Caviness JN, Hentz JG, Evidente VG, Driver-Dunckley E, Samanta J, Mahant P, Connor DJ, Sabbagh MN, Shill HA, Adler CH. Tanto a disfunção cognitiva precoce como a tardia afectam o eletroencefalograma na doença de Parkinson. Parkinsonism & related disorders. 2007 Aug 31;13(6):348-54.

[39] Pfurtscheller G, Da Silva FL. Sincronização e dessincronização EEG/MEG relacionadas com eventos: princípios básicos. Clinical neurophysiology. 1999 Nov 1;110(11):1842-57.

[40] Bokura H, Yamaguchi S, Kobayashi S. Event-related potentials for response inhibition in Parkinson's disease. Neuropsychologia. 2005 Dec 31;43(6):967-75.

[41] Adams and Victors's Principles of Neurology,8th Edition,2005.

[42] Nivya venu a, lisa c, "A comparison study of detection of fog episodes in parkinson's disease patients", Actas da 29.ª Conferência Internacional da IRF, 24 de julho de 2016, Bengaluru, Índia, ISBN: 978-93-860,83-69-2

[43] Geman O, Costin H. Previsão da doença de Parkinson com base em modelos de Markov multiestado, Int J Comput Commun. agosto, 2013.ISSN 1841-9836 8(4):525-537

[44] Yuvaraj R, Murugappan M, Ibrahim NM, Omar MI, Sundaraj K, Mohamad K, Palaniappan R, Mesquita E, Satiyan M. Sobre a análise da potência, frequência e assimetria do EEG na doença de Parkinson durante o processamento de emoções. Behavioral and Brain Functions. 2014 Abr 9;10(1):12.

[45] Meigal, A. Y., Rissanen, S. M., Tarvainen, M. P., Airaksinen, O., Kankaanpaa, M., & Karjalainen, P. A. (2013). Parâmetros EMG não lineares para diagnósticos diferenciais e precoces da doença de Parkinson. Frontiers in Neurology, 4, 135.

http://doi.org/10.3389/fneur.2013.00135

[46] Lopez-Azcarate J, Tainta M, Rodriguez-Oroz MC, Valencia M, Gonzâlez R, Guridi J, Iriarte J, Obeso JA, Artieda J, Alegre M. O acoplamento entre a atividade beta e de alta frequência no núcleo subtalâmico humano pode ser um mecanismo fisiopatológico na doença de Parkinson. Journal of Neuroscience. 2010 May 12;30(19):6667- 77.

[47] Weinberger M, Mahant N, Hutchison WD, Lozano AM, Moro E, Hodaie M, Lang AE, Dostrovsky JO. Beta oscillatory activity in the subthalamic nucleus and its relation to dopaminergic response in Parkinson9s disease. Journal of neurophysiology. 2006 Dec 1;96(6):3248-56.

[48] Caviness JN, Liss JM, Adler C, Evidente V. Analysis of high-frequency electroencephalographic-electromyographic coherence elicited by speech and oral nonspeech tasks in Parkinson's disease. Journal of Speech, Language, and Hearing Research. 2006 Apr 1;49(2):424-38.

[49] De Michele G, Sello S, Carboncini MC, Rossi B, Strambi SK. Análise de correlação cruzada tempo-frequência para múltiplos sinais EMG na doença de Parkinson: uma abordagem wavelet. Medical engineering & physics. 2003 Jun 30;25(5):361-9.

[50] Marsden JF, Limousin-Dowsey P, Ashby P, Pollak P, Brown P. Subthalamic nucleus, sensorimotor cortex and muscle interrelationships in Parkinson's disease. Brain. 2001 Feb

1;124(2):378-88.

[51] Brown.P, Corcos.D.M, Rothwell.J.C. Does parkinsonian action tremor contribute to muscle weakness in Parkinson's disease? Brain .1997.120: 401-408.

[52] Parashos SA. Tratamento multidisciplinar da doença de Parkinson: estado atual e direcções futuras. Clinical Practice. 2012 Mar;9(2):189-98.

[53] Rosenbaum P, Stewart D. The World Health Organization International Classification of Functioning, Disability, and Health: a model to guide clinical thinking, practice and research in the field of cerebral palsy. In Seminars in pediatric neurology 2004 Mar 31 (Vol. 11, No. 1, pp. 5-10). WB Saunders.

[54] Wade DT, Gage H, Owen C, Trend P, Grossmith C, Kaye J. Multidisciplinary rehabilitation for people with Parkinson's disease: a randomised controlled study. J Neurol Neurosurg Psychiatry. 2003 Feb 1;74(2):158-62.

[55] Johnston M, Chu E. A frequência de um programa multidisciplinar de reabilitação em ambulatório para pessoas com doença de Parkinson produz melhorias quantitativas a curto ou a longo prazo? Uma revisão sistemática. NeuroRehabilitation. 2010 Jan 1;26(4):375- 83.

[56] Schwab RS, England AC, Poskanzer DC, Young RR. Amantadine in the Treatment of Parkinson's Disease (Amantadina no tratamento da doença de Parkinson). JAMA. 1969;208(7):1168-1170.

[57] Donovan S, inventor; Allergan, Inc., cessionário. Tratamento da doença de Parkinson. Patente dos Estados Unidos US 6,620,415. 16 de setembro de 2003.

[58] Grupo de Estudo de Parkinson. Pramipexol vs levodopa como tratamento inicial para a doença de Parkinson: um ensaio aleatório controlado. Jama. 2000 Oct 18;284(15):1931-8.

[59] Friedman JH, Fator SA. Atypical antipsychotics in the treatment of drug-induced psychosis in Parkinson's disease. Movement Disorders. 2000 Mar 1;15(2):201-11.

[60] Molina JA, Sainz-Artiga MJ, Fraile A, Jimenez-Jimenez FJ, Villanueva C, Orti-Pareja M, Bermejo-P F. Pathologic gambling in Parkinson's disease: a behavioral manifestation of pharmacologic treatment? Movement Disorders. 2000 Sep 1;15(5):869-72.

[61] Weintraub D, Siderowf AD, Potenza MN, Goveas J, Morales KH, Duda JE, Moberg PJ, Stern MB. Association of dopamine agonist use with impulse control disorders in Parkinson disease (Associação da utilização de agonistas dopaminérgicos com perturbações do controlo dos impulsos na doença de Parkinson). Archives of neurology. 2006 Jul 1;63(7) :969-73.

[62] Rabey JM, Sagi I, Huberman M, Melamed E, Korczyn A, Giladi N, Inzelberg R, Djaldetti R, Klein C, Berecz G, Rasagiline Study Group. Rasagiline mesylate, a new MAO-B inhibitor for the treatment of Parkinson's disease: a double-blind study as adjunctive therapy to levodopa. Clinical neuropharmacology. 2000 Nov 1;23(6):324-30.

[63] Mannisto PT, Kaakkola S. Rationale for selective COMT inhibitors as adjuncts in the drug treatment of Parkinson's disease. Basic & Clinical Pharmacology & Toxicology. 1990 May 1;66(5):317-23.

[64] De Smet Y, Ruberg M, Serdaru M, Dubois B, Lhermitte F, Agid Y. Confusion, dementia and anticholinergics in Parkinson's disease. Journal of Neurology, Neurosurgery & Psychiatry. 1982 Dec 1;45(12):1161-4.

[65] Surathi P, Jhunjhunwala K, Yadav R, Pal PK. Investigação sobre a doença de Parkinson na Índia: A review. Anais da Academia Indiana de Neurologia. 2016 Jan;19(1):9.

[66] Behari M, Srivastava AK, Das RR, Pandey RM. Factores de risco da doença de Parkinson em doentes indianos. Journal of the neurological sciences. 2001 Sep 15;190(1):49-55.

[67] Kalita J, Misra UK. Comparação dos achados da tomografia computorizada e da ressonância magnética no diagnóstico da encefalite japonesa. Journal of the neurological sciences. 2000 Mar 1;174(1):3-8.

[68] Pradhan S, Pandey N, Shashank S, Gupta RK, Mathur A. Parkinsonismo devido ao envolvimento predominante da substância negra na encefalite japonesa. Neurology. 1999 Nov 1;53(8):1781.

[69] Singhal B, Lalkaka J, Sankhla C. Epidemiology and treatment of Parkinson's disease in India (Epidemiologia e tratamento da doença de Parkinson na Índia). Parkinsonism & related disorders. 2003 Aug 31;9:105-9.

[70]Health Information of India 1995 and 1996, Ministério da Saúde e do Bem-Estar Familiar, Govt. of India Publication, India 1998;22:54.

[71] Zhang Z, Roman GC. Ocorrência mundial da doença de Parkinson: uma revisão actualizada. Neuroepidemiology 1993;12:195-208.

[72] Rajput AH, Uitti RJ, Stern W, et al. Geografia, química da água potável, pesticidas e herbicidas e a etiologia da doença de Parkinson. Can J Neurol Sci 1987;14:414-8.

[73] Rajput AH, Uitti RJ. Paraquat e doença de Parkinson. Neurologia 1987;37:1820- 1.

[74] Butterfield PG, Valanis BG, Spencer PS, Lindeman CA, Nutt JG. Environmental antecedents of young-onset Parkinson's disease. Neurology 1993;43:1150-8.

[75] Golbe LI, Farrell TM, Davis PH. Follow-up study of early-life protective and risk factors in Parkinson's disease. Mov Disord 1990; 5:66-70.

[76] Tanner CM, Chen B, Wang B, et al. Environmental factors in Parkinson's disease: a case control study in China. Neurology 1989; 39:660-4.

[77] Herzman C, Wiens M, Snow B, Calne D. A case-control study Parkinson's disease in a horticultural region of British Columbia. Mov Disord 1994;9:69-75.

[78] Erika F, Sue A, Thomas RN. Pet ownership, social support, and one-year survival after acute myocardial infarction in the Cardiac Arrhythmia Suppression Trial ZCAST. Am J Cardiol 1995;76:1213-7.

[79] Sasco AJ, Paffenbarger RS, Gendre I, Wing AL. The role of physical exercise in the occurrence of Parkinson's disease (O papel do exercício físico na ocorrência da doença de Parkinson). Arch Neurol 1992;49:360-5.

[80] http://www.etas.ee/wp-content/uploads/2013/10/updrs.pdf.html, 21 de janeiro de 2017.

[81] http://parkinsonslife.eu/category/research/special-reports.html, 15 de abril de 2017.

[82] https://www.everydayhealth.com/parkinsons-disease/movement-disorders.aspx, 15 de junho de 2017.

[83]http://www.bionicinterface.com/web/googida/parkinson/Clinical%20progression%20of%20Parkinson%27s%20disease.html, 15 de setembro de 2017.

[84]https://www.ninds.nih.gov/Disorders/Patient-Caregiver-Education/Hope-Through-Research/Parkinsons-Disease-Hope-Through-Research#Research, 15 de outubro de 2017.

[85]http://blogs.brandeis.edu/flyonthewall/translational-findings-how-fruit-flies-are- helping-us-understand-parkinsons-diseasease/, 15 de abril de 2017.

[86]http://movementdisorders.ufhealth.org/2012/04/11/should-i-get-a-dat-scan-to- confirm-my-parkinsons-disease/, 15 de outubro de 2017.

[86] Politis M. Neuroimaging in Parkinson disease: from research setting to clinical practice (Neuroimagem na doença de Parkinson: da investigação à prática clínica). Nature Reviews Neurology. 2014 Dec 1;10(12):708-22.

[87] Brooks DJ. Neuroimagem na doença de Parkinson. NeuroRx. 2004 Apr 30;1(2):243- 54.

[88] Lees AJ. Questões não resolvidas relacionadas com a paralisia por tremor na celebração do 250º aniversário de James Parkinson. Movement Disorders. 2007 Jan 1;22(S17).

[89] Sargetis J. Evaluation of particulate metal and noise exposures at a foundry and recommended

control strategies (Doctoral dissertation, Montana Tech of The University of Montana).

[90] Obeso JA, Rodriguez-Oroz MC, Goetz CG, Marin C, Kordower JH, Rodriguez M, Hirsch EC, Farrer M, Schapira AH, Halliday G. Missing pieces in the Parkinson's disease puzzle. Nature medicine. 2010 Jun 1;16(6):653-61.

[91] Abubakar II, Tillmann T, Banerjee A. Mortalidade global, regional e nacional por todas as causas e por causas específicas, consoante a idade e o sexo, para 240 causas de morte, 1990-2013: uma análise sistemática para o Estudo sobre o Peso Global da Doença 2013. Lancet. 2015 Jan 10;385(9963):117-71.

[92] Sarbaz Y, Pourakbari H. A review of presented mathematical models in Parkinson's disease: black-and gray-box models. Medical & biological engineering & computing. 2016 Jun 1;54(6):855-68.

[93] Titcombe MS, Edwards R, Beuter A. Modelação Matemática do Tremor Parkinsoniano. Nonlinear Studies. 2004 Jun 1;11(3).

[94] Geman O, Chiuchisan I, Covasa M, Eftaxias K, Sanei S, Madeira JG, Boloy RA. Processamento conjunto do sinal EEG-EMG para identificação das tarefas mentais em pacientes com doenças neurológicas. InSignal Processing Conference (EUSIPCO), 2016 24th European 2016 Aug 29;1598-1602.

[95] Caviness JN, Liss JM, Adler C, Evidente V. Analysis of high-frequency electroencephalographic-electromyographic coherence elicited by speech and oral nonspeech tasks in Parkinson's disease. Journal of Speech, Language, and Hearing Research. 2006 Apr 1;49(2):424-38.

[96] Prochazka A, Kukal J, Vysata O. Utilização da transformada Wavelet para extração de caraterísticas e classificação de segmentos de sinais EEG. Em Comunicações, Controlo e Processamento de Sinais, 2008. ISCCSP 2008. 3º Simpósio Internacional sobre 2008 Mar 12;719-722.

[97] http://www.stanford.edu/~yesavage/GDS.html, 10 outubro, 2017

[98] Webster DD. Análise crítica da incapacidade na doença de Parkinson. Tratamento moderno. 1968 Mar;5(2):257-82.

[99] Brandt J, Spencer M, Folstein M. A entrevista telefónica sobre o estado cognitivo. Neuropsiquiatria Neuropsychol Behav Neurol. 1988 Jun;1(2): 111-7.

Anexo 1

ESCALA DE DEPRESSÃO GERIÁTRICA: FORMA CURTA

Escolha a melhor resposta para a forma como se sentiu na última semana:

1. Está basicamente satisfeito com a sua vida? SIM / **NÃO**
2. Abandonou muitas das suas actividades e interesses? **SIM** / NÃO
3. Sente que a sua vida está vazia? **SIM** / NÃO
4. Aborrece-se frequentemente? **SIM** / NÃO
5. Está de bom humor na maior parte do tempo? SIM / **NÃO**
6. Tem medo que algo de mau lhe aconteça? **SIM** / NÃO
7. Sente-se feliz a maior parte do tempo? SIM / **NÃO**
8. Sente-se frequentemente desamparado? **SIM** / NÃO
9. Prefere ficar em casa, em vez de sair e fazer coisas novas? **SIM** / NÃO
10. Sente que tem mais problemas de memória do que a maioria das pessoas? **SIM** / NÃO
11. Considera que é maravilhoso estar vivo agora? SIM / **NÃO**
12. Sente-se inútil da forma como está agora? **SIM** / NÃO
13. Sente-se cheio de energia? **SIM** / NÃO
14. Sente que a sua situação é desesperada? **SIM** / NÃO
15. Considera que a maioria das pessoas está melhor do que você? **SIM** / NÃO

As respostas a negrito indicam depressão. Marque 1 ponto por cada resposta a negrito.

Uma pontuação > 5 pontos é sugestiva de depressão.

Uma pontuação $\geq$ 10 pontos é quase sempre indicativa de depressão.

Uma pontuação > 5 pontos deve justificar uma avaliação global de acompanhamento.

Anexo 2:

ESCALA WEBSTER:

Parâmetro	Encontrar	Pontos
BRADICINESIA DAS MÃOS	nenhuma participação	0
abrandamento detetável do ritmo de supinação-pronação; dificuldade inicial no manuseamento de ferramentas, abotoamento de roupa e escrita	1	
abrandamento moderado da velocidade de supinação-pronação num ou em ambos os lados; perturbação moderada da função da mão; a caligrafia está muito afetada micrografia presente	2	
abrandamento grave do ritmo de supinação-pronação; incapacidade de escrever ou abotoar roupa; dificuldade acentuada em manusear utensílios	3	
RIGIDEZ	não detetável	0
rigidez detetável no pescoço e nos ombros; presença de fenómeno de ativação; um ou ambos os braços apresentam uma ligeira rigidez negativa em repouso	1	
rigidez moderada no pescoço e nos ombros; a rigidez em repouso está presente se o doente não estiver a tomar medicamentos	2	
rigidez severa no pescoço e ombros; a rigidez em repouso não pode ser revertida com medicação	3	
POSTURA	postura normal; cabeça flectida para a frente menos de 4 polegadas	0

início da coluna de poker; cabeça flectida para a frente mais de 5 polegadas	1	
início da flexão dos braços; cabeça flectida para a frente até 15 cm; um ou ambos os braços levantados mas ainda abaixo da cintura	2	
início de postura símia; cabeça flectida para a frente mais de 15 cm; uma ou ambas as mãos elevadas acima da cintura; início de flexão acentuada das mãos extensão interfalângica; início da flexão dos joelhos	3	
BALANÇO DO MEMBRO SUPERIOR	balança bem os dois braços	0
um braço diminuiu definitivamente a quantidade de balanço	1	
um braço não balança	2	
os dois braços não balançam	3	
GAIT	passos bem dados com uma passada de 1830 polegadas; vira-se sem esforço	0
marcha encurtada para uma passada de 12-18 polegadas; começa a bater num calcanhar; o tempo de viragem abranda; requer vários passos	1	
passada moderadamente encurtada para 6-12 polegadas; ambos os calcanhares começam a bater no chão com força	2	
início de marcha arrastada; passos inferiores a 5 cm; marcha ocasionalmente gaguejante ou bloqueante; anda na ponta dos pés; vira-se	3	

muito lentamente		
TREMOR	não foi detectado qualquer tremor detetável	0
menos de 1 polegada de movimento de tremor pico a pico observado nos membros ou na cabeça em repouso ou em ambas as mãos ao caminhar ou durante o teste dedo a dedo	1	
o envelope de tremor máximo não	2	
exceder 4 polegadas; o tremor é grave mas não constante e o doente mantém algum controlo das mãos		
o envelope do tremor excede 4 polegadas; o tremor é constante e grave; o doente não consegue libertar-se do tremor enquanto está acordado, exceto se for do tipo cerebelar puro; é impossível escrever e alimentar-se sozinho	3	
FACIES	normal; animação completa; sem olhar fixo	0
imobilidade detetável; a boca permanece fechada; início de caraterísticas de ansiedade ou depressão	1	
imobilidade moderada; a emoção irrompe com um limiar nitidamente aumentado; os lábios estão por vezes entreabertos; aparência moderada de ansiedade ou depressão; pode haver baba	2	
fácies congelada; a boca abre >= 0,25 polegadas; a baba pode ser grave	3	
SEBORRHEA	nenhum	0

aumento da transpiração as secreções permanecem finas	1	
oleosidade evidente e secreção muito mais espessa	2	
seborreia acentuada; todo o rosto e cabeça cobertos por uma secreção espessa	3	
DISCURSO	claro, alto e ressonante, facilmente compreensível	0
início de rouquidão com perda de inflexão e ressonância; bom volume e ainda facilmente compreensível	1	
rouquidão e fraqueza moderadas; tom monótono constante e não variado; início de disartria hesitante	2	
gaguejar é difícil de compreender.		
dureza e fraqueza acentuadas; muito difícil de ouvir e de compreender	3	
AUTO-CUIDADO	não há imparidade	0
ainda consegue cuidar de si próprio, mas o ritmo de vestir-se está definitivamente impedido; é capaz de viver sozinho e pode ser empregável	1	
necessita de ajuda em certas áreas críticas; muito lento na execução da maioria das actividades, mas consegue fazê-lo com muito tempo	2	
incapacidade permanente; incapaz de se vestir, de se alimentar ou de andar sozinho	3	

Escala de classificação da doença de Parkinson =

= SUM(pontos para todos os 10 parâmetros)

Interpretação:

- pontuação mínima: 0
- pontuação máxima: 30

- Quanto mais elevada for a pontuação, maior é a gravidade da doença e a incapacidade. Escala	**Deficiência**
1 - 10	DOENÇA PRECOCE
11 - 20	MODERADO
21 - 30	GRAVE OU AVANÇADA

Anexo 3:

MINI-EXAME DO ESTADO MENTAL (MMSE)

Pontuação máxima	Pontuação do doente	Perguntas
5		"O que é o ano? Estação do ano? Data? Dia? Mês?"
5		"Onde é que estamos agora? Estado? Concelho? Cidade? Hospital? Chão?"
3		O examinador nomeia três objectos não relacionados de forma clara e lenta e, em seguida, o instrutor pede ao doente para nomear os três objectos. A resposta do paciente é utilizada para a pontuação. O examinador repete-os até que o paciente os aprenda todos, se possível.
5		"Gostaria que contasses de 100 para trás, de sete em sete." (93, 86, 79, 72, 65, ...) Alternativa: "Soletra WORLD ao contrário." (D- L-R-O-W)
3		"Há pouco disse-te o nome de três coisas. Podes dizer-me quais são?"
2		Mostre ao doente dois objectos simples, como um relógio de pulso e um lápis, e peça-lhe para os nomear.
1		"Repetir a frase: 'Sem ses, e ou mas'."
3		"Pegue no papel que tem na mão direita, dobre-o ao meio e coloque-o no chão." (O examinador dá ao doente uma folha de papel em branco).
1		"Por favor, lê isto e faz o que diz." (A instrução escrita é "Fecha os olhos.")
1		"Inventa e escreve uma frase sobre qualquer coisa." (Esta frase deve conter um substantivo e um verbo).
1		"Por favor, copia esta imagem". (O examinador dá ao doente uma folha de papel em branco e pede-lhe que desenhe o símbolo abaixo).

		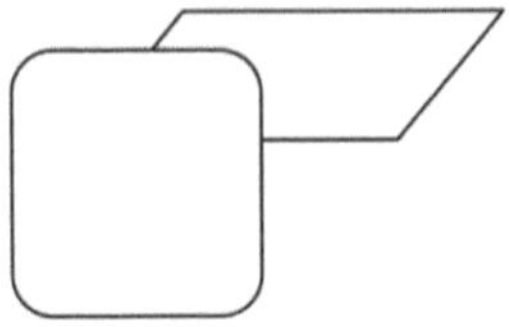
30		TOTAL

Interpretação da pontuação do MMSE:

Método	Pontuação	Interpretação
Corte único	<24	Anormal
Gama	<21	Aumento das probabilidades de demência
	>25	Diminuição das probabilidades de demência
Educação	21	Anormal para o 8º ano de escolaridade
	<23	Anormal para o ensino secundário
	<24	Anormal para o ensino universitário
Gravidade	24-30	Sem défice cognitivo
	18-23	Comprometimento cognitivo ligeiro
	0-17	Comprometimento cognitivo grave

MIX
Papier aus verantwortungsvollen Quellen
Paper from responsible sources
FSC® C105338

Printed by Books on Demand GmbH, Norderstedt / Germany